Georg Zenk (Hrsg.) · Öko-Audits nach der Verordnung der EU

Georg Zenk (Hrsg.)

# Öko-Audits nach der Verordnung der EU

## Konsequenzen für das strategische Umweltmanagement

GABLER

Die Deutsche Bibliothek – CIP-Einheitsaufnahme

**Öko-Audits nach der Verordnung der EU**
Konsequenzen für das strategische Umweltmanagement / Georg Zenk (Hrsg.). –
Wiesbaden: Gabler, 1995
ISBN-13: 978-3-409-18698-8 e-ISBN-13: 978-3-322-84658-7
DOI: 10.1007/978-3-322-84658-7

NE: Zenk, Georg

Der Gabler Verlag ist ein Unternehmen der Bertelsmann Fachinformation.


Lektorat: Ulrike M. Vetter

Höchste inhaltliche und technische Qualität unserer Produkte ist unser Ziel. Bei der Produktion und Verbreitung unserer Bücher wollen wir die Umwelt schonen: Dieses Buch ist auf säurefreiem und chlorfrei gebleichtem Papier gedruckt. Die Einschweißfolie besteht aus Polyäthylen und damit aus organischen Grundstoffen, die weder bei der Herstellung noch bei der Verbrennung Schadstoffe freisetzen.



ISBN-13: 978-3-409-18698-8

## Vorwort

Strategisches Umweltschutzmanagement erhält durch die Öko-Audit-Verordnung der Europäischen Union eine neue Bedeutung. Erstmals wird in einem Gesetzestext, der auch Auswirkungen auf die Anrainerstaaten hat, ein ganzheitlicher Umweltschutz im Unternehmen gefordert. Die neue Aufgabe überfordert viele Unternehmen, wenn sie nicht bereits einen Umweltstab unterhalten oder schon lange im Blickfang der Öffentlichkeit stehen und sich daher vorsorglich mit der Umweltschutzthematik befaßt haben.

Das vorliegende Buch will Hilfestellung anbieten, um die Aufgabe einer Systematisierung des betrieblichen Umweltschutzes zu meistern. Die Kapitel des Buches sind in sich abgeschlossen; der Leser kann daher zuerst die Kapitel lesen, die ihn am meisten interessieren. Auf alle Aspekte, die einen Zusammenhang zur Öko-Audit-Verordnung erkennen lassen, wurde in den Kapiteln eingegangen.

Einer Erläuterung der Ziele und Inhalte der Öko-Audit-Verordnung in knapper und verständlicher Form im ersten Kapitel folgt eine Darstellung der relevanten Aspekte aus Sicht der Unternehmer im zweiten Kapitel. Vorteile, die einem Unternehmen aus einer Systematik im Umweltschutz auf der Basis einer langfristigen Umweltpolitik erwachsen, werden ebenso beschrieben wie die Verpflichtungen, die ein Unternehmen mit einem Öko-Audit eingeht, insbesondere in bezug auf die innerbetriebliche Kommunikation und die Öffentlichkeitsarbeit. In den folgenden Kapiteln werden die praktischen Verfahrensweisen in Fallstudien allgemeingültig vorgestellt, die zu einem Umweltmanagementsystem und einem Öko-Audit führen. Dieser zentrale, praxisbezogene Abschnitt des Buches zeigt, daß gerade mittelständische Unternehmen eine Auslegung der Formulierungen benötigen, die ihre wirtschaftlichen Interessen und organisatorischen Kapazitäten berücksichtigt und gleichzeitig der Zielsetzung der Verordnung gerecht wird. Im letzten Kapitel wird die vielbeachtete Kombination des Umweltmanagements mit dem Qualitätssicherungsmanagement ausführlich behandelt. Der Anhang enthält umfangreiche Tabellen, die der genauen Erfassung umweltrelevanter Daten dienen, und Checklisten, die zum Nachdenken über Fragestellungen, die für die Umwelt und damit auch für die Öko-Audit-Verordnung relevant sind, ermuntern sollen.

Eine systematische Erläuterung der Verordnung wird der Leser in diesem Buch nicht finden, denn zum einen steht dem Leser der Text selbst zur Verfügung und zum anderen befindet sich die Auslegung der einzelnen Artikel noch im Anfangsstadium. Erst die Qualität der offiziellen Prüfung zur Erteilung des Zertifikats wird in Zukunft Maßstäbe zur Umsetzung der Verordnung setzen.

Das Ziel des Buches ist es, Vorbehalte gegenüber der Öko-Audit-Verordnung abzubauen und das Verfahren so transparent zu machen, daß dem Leser der Umgang mit Öko-Audits leichter fällt. Damit wird das Anliegen des Buches erfüllt, zu mehr Umweltschutz im Unternehmen anzuregen.

Georg Zenk

# Vorwort

# Inhaltsverzeichnis

# 1 Die Bedeutung der Öko-Audit-Verordnung der Europäischen Union

## 1.1 Einbindung in die Umweltpolitik der Europäischen Union

Die Intention der Öko-Audit-Verordnung ist nur vollständig zu verstehen, wenn man die „Entschließung des Rates über ein Gemeinschaftsprogramm für Umweltpolitik und Maßnahmen im Hinblick auf eine dauerhafte und umweltgerechte Entwicklung" als Überbau der Öko-Audit-Verordnung zur Kenntnis genommen hat. Dort wird unter dem Schwerpunktbereich Industrie, die der Zielgruppe der Öko-Audit-Verordnung entspricht, darauf hingewiesen, daß früher Umweltmaßnahmen bestimmte Verhaltens- oder Verfahrensweisen verboten haben, das neue Konzept dagegen das Prinzip der Zusammenarbeit zwischen allen Beteiligten verfolgt. Diese Neuorientierung der Umweltpolitik wird ergänzt durch die Aussage, „daß die Industrie im Umweltbereich nicht nur einen Teil des Problems darstellen darf, sondern auch ein Teil der Lösung dieses Problems sein muß" (Entschließung des Rates über ein Gemeinschaftsprogramm für Umweltpolitik vom 1. Februar 1993).

Erreicht werden sollen diese Ziele durch ein Paket von Maßnahmen, von denen sich die meisten in den Anforderungen der Öko-Audit-Verordnung widerspiegeln:

- Die Umweltauswirkungen der strategischen Planungen sollen bewertet werden.
- Die Herstellungsverfahren sollen durch umweltbezogene Prüfungen und eine wirksame umweltbezogene Bilanzierung kontrollierbar sein.
- Abfallwirtschaftskonzepte sollen zur Reduktion von Abfall und zur optimalen Rückgewinnung von Rohstoffen erstellt werden.
- Umweltrelevante Informationen sollen der Öffentlichkeit zugänglich gemacht werden.

Mit der Verabschiedung der Öko-Audit-Verordnung wurde der Umweltschutz im Unternehmen nicht erfunden, denn Umweltmanagement, Analysen, Bilanzen und integrierter Umweltschutz sind für umweltorientierte Unternehmen schon lange keine Fremdwörter mehr. Vielmehr bezweckt die Europäische Union (EU) mit ihrer Initiative, bekannte und erprobte Instrumente des betrieblichen Umweltschutzes zu fördern durch

- eine Standardisierung
- eine Überprüfung
- und eine Öffentlichkeitspolitik (Teilnahme- und Umwelterklärung).

## 1.2 Bestandteile der Verordnung

Die Forderung der EU an die Industrie, die Verantwortung für die von ihr verursachten Umweltauswirkungen zu übernehmen, macht die Aufstellung eines handlungsbezogenen Konzeptes für die Bewältigung dieser Aufgabe notwendig. Die Öko-Audit-Verordnung sieht als Säulen dieses Konzeptes folgendes vor:

## *Die elf Gebote laut Öko-Audit-Verordnung der EU*

- Die Handlungsgrundsätze der betrieblichen Umweltpolitik -

1. Die Umweltverträglichkeit der gegenwärtigen Tätigkeiten wird geprüft und überwacht.

2. Notwendige Maßnahmen werden ergriffen, um Umweltbelastungen zu vermeiden bzw. zu beseitigen.

3. Vorherige Abschätzungen der Umweltauswirkungen jeder Tätigkeit und jedes neuen Produkts.

4. Vermeidung unfallbedingter Emissionen von Stoffen oder Energie.

5. Verfahren zur Kontrolle der Übereinstimmung aller Maßnahmen mit der Umweltpolitik.

6. Konsequente Einhaltung der betrieblichen Umweltpolitik und der Umweltziele.

7. Zusammenarbeit mit Behörden, um die Auswirkungen von etwaigen Unfällen möglichst gering zu halten.

8. Förderung des Verantwortungsbewußtseins aller Mitarbeiter für die Umwelt.

9. Beratung der Kunden über die Umweltaspekte der Produkte.

10. Vorkehrungen, daß die auf dem Betriebsgelände arbeitenden Vertragspartner die gleichen Umweltnormen anwenden.

11. Vollständige Information der Öffentlichkeit und offener Dialog über die Umweltauswirkungen der Unternehmenstätigkeit.

Abbildung 1-1

- Die Festlegung und Umsetzung einer **Umweltpolitik** als strategische Linie, daran gekoppelt Umweltziele und -programme zur Operationalisierung der Umweltpolitik. Welche Punkte zu einer Umweltpolitik gehören, gibt die Öko-Audit-Verordnung unter der Überschrift „gute Managementpraktiken" vor (siehe Abbildung 1-1). Diese einfache Richtschnur sollte für kleine und mittlere Unternehmen zur Formulierung ihrer Umweltpolitik ausreichen.

- Ein wirksames **Umweltmanagementsystem**, um die oben genannten Zielen durchsetzen zu können.

- Die im Managementsystem verankerte **Umweltbetriebsprüfung**, bekannter unter der Bezeichnung Öko-Audit, welche der Verordnung den Namen gab, soll die Wirksamkeit des Umweltmanagementsystems prüfen und erhalten. Das zugrundeliegende Schema des Systems ist in Abbildung 1-2 dargestellt.

- Gutes Umweltmanagement schließt die **Information der Öffentlichkeit** über die Umweltaspekte der Unternehmen ein, wünschenswert wäre der Dialog der Unternehmen mit der Öffentlichkeit. Vorgeschriebene Umwelterklärungen sind das Handwerkszeug, mit dem die EU eine einheitliche und ausreichende Information der Öffentlichkeit erreichen will.

- Im Bewußtsein der Schwierigkeit, die Ansprüche und Ansichten vieler Unternehmer über ihre Eigenverantwortung gegenüber der Umwelt und Mitwelt unter einen Hut zu bringen, verstärkt die EU die Transparenz und Glaubwürdigkeit der Umweltaktivitäten der Unternehmen. Denn erst wenn **unabhängige zugelassene Umweltgutachter** diese auf Konformität mit der Verordnung geprüft (verifiziert) haben und die Umwelterklärung für gültig erklären (validieren), wird ein **Zertifikat** erteilt.

Die **umweltrelevanten Tätigkeiten** und deren **Bewertung** im Sinne der Öko-Audit-Verordnung können derzeit noch großzügig ausgelegt werden. Erst wenn die Öffentlichkeit - Umweltverbände, Behörden, Konkurrenten - die Umwelterklärungen prüfen und kritisch bewerten sowie inoffizielle und offizielle Standards gesetzt werden, wird sich ein allgemein anerkanntes Ranking der Umweltleistungen etablieren.

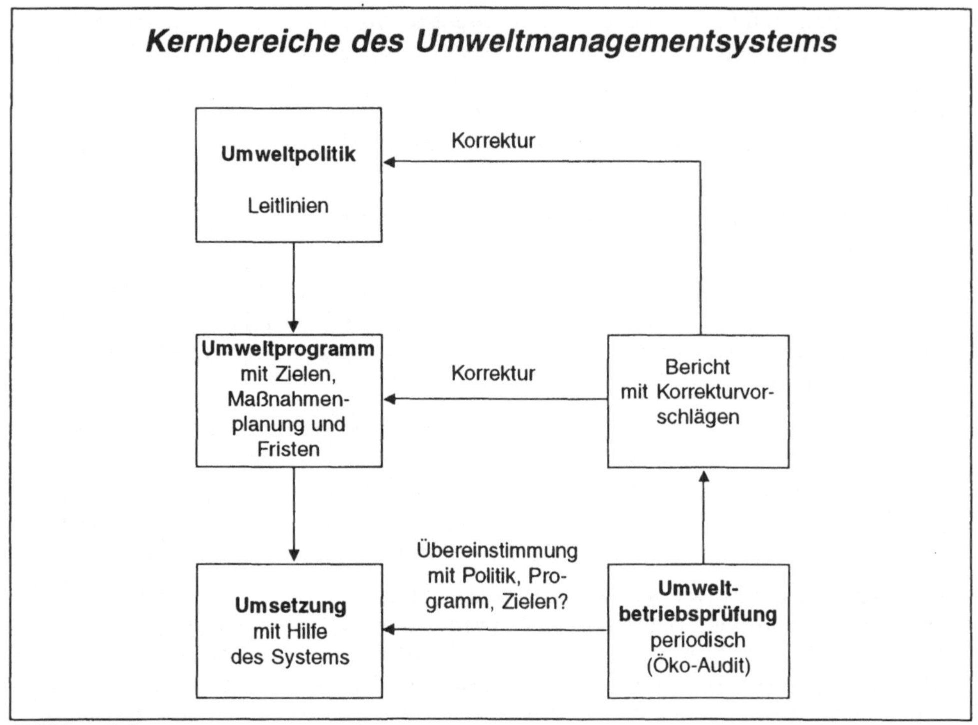

Abbildung 1-2

## 1.3 Aufgaben der Unternehmen

Das einzurichtende **Umweltmanagementsystem** gewährleistet die organisatorische und informationstechnische Einbindung der umweltbezogenen Aktivitäten in das Management durch Stellenpläne, Aufgaben- und Verfahrensanweisungen sowie Mitarbeiterausbildung und -information. Darüber hinaus wird von dem Umweltmanagementsystem erwartet, daß es die „Bewertung und Registrierung der Auswirkungen auf die Umwelt" (Öko-Audit-Verordnung) sicherstellt. Neben den klassischen Parametern einer **betrieblichen Ökobilanz** sind auch rechtliche Aspekte einzubeziehen, insbesondere diejenigen, die das Umwelthaftungsgesetz berühren. Selbstverständlich soll das Managementsystem durch ein Kontrollverfahren komplettiert werden, d. h. ein **Umwelt-Controlling** gehört zu den Elementen eines Umweltmanagementsystems. Unabhängig von einem **Umwelt-Controlling** existiert noch das Kontrollinstrument **Umweltbetriebsprüfung** (Öko-Audit), und das gesamte System mitsamt der Umwelterklärung wird noch einmal offiziell von einem **zugelassenen Umweltgutachter** geprüft, quasi Umweltschutzaktivitäten mit dreifachem Boden.

Entscheidend für die Qualität des Systems sind aber nicht die **Anzahl** der Kontrollen, sondern die **Maßstäbe** für die Kontrollen. Sie werden über die Effizienz und letztendlich auch über die Glaubwürdigkeit des Systems und der Öko-Audit-Verordnung entscheiden. Die wesentliche Rolle kommt den zugelassenen Umweltgutachtern und deren Prüfungs- und Zulassungskriterien zu. Die Zulassung der Umweltgutachter muß bis April 1995 national geregelt werden. In Deutschland ist dazu ein Gesetzgebungsverfahren notwendig.

Die ansteigende Umweltverschmutzung veranlaßt die Anspruchsgruppen eines Unternehmens, auf diese Druck auszuüben. In der Folge betreiben die Unternehmen sogenannten reaktiven Umweltschutz oder setzen End-of-the-Pipe-Lösungen ein. Durch zunehmende Umweltbelastung erhöht sich wiederum der Druck auf die Unternehmen. Warum also nicht die Entwicklung vorwegnehmen und aktiven Umweltschutz als unternehmerische Umweltpolitik festschreiben und den Druck von außen in Vorteile für das Unternehmen umkehren?

Die Öko-Audit-Verordnung der EU unterstützt den aktiven Umweltschutz: Die Unternehmen können ihre Strategie besser entwickeln, für die Zukunft sicherer planen und ihren Kapazitäten eher gerecht werden, wenn sie selbst bestimmen können, wieviel Umweltschutz sie erbringen wollen, statt durch ständig neue Verordnungen und Verwaltungsvorschriften über Grenzwertbestimmungen und Auflagen unter Zugzwang zu geraten. Mittelfristig wird dadurch eine fundiertere Investitionsplanung im Umweltschutz bei gleichzeitiger Einbeziehung der Kostenersparnis für jedes Unternehmen ermöglicht und somit der vielbeschworene Einklang von Ökonomie und Ökologie geschaffen.

## 1.4 Qualitätssicherung und Normung

Die Qualitätssicherung hatte erheblichen Einfluß auf die Struktur der Öko-Audit-Verordnung. Von der Qualitätssicherungsnorm British Standard (BS) 5570 (gleich ISO 9001) über die BS 7750 „Specification for Environmental Management Systems" führte der Weg auf Betreiben der Briten zur Öko-Audit-Verordnung.

Doch trotz struktureller Gemeinsamkeiten bezüglich des Umweltmanagementsystems bestehen einige gravierende Unterschiede zwischen der ISO 9000er Reihe und der Öko-Audit-Verordnung:

Denn Maßnahmen zur Verbesserung der Umweltsituation in bezug auf alle Umweltmedien (Luft, Wasser, Lärm, Ressourcen) müssen geplant, bewertet und durchgeführt werden. Des weiteren erfordert die Kommunikation mit den Anspruchsgruppen eine hohe Sensibilität für die Umweltsorgen der Bürger und ganz andere Qualifikationen als im Qualitätssicherungsbereich, der auf die Kunden-Lieferantenbeziehung beschränkt ist. Eine Kongruenz beider Systeme, des Qualitätssicherungsmanagements und Umweltmanagements, wird unter dem Dach des sich allmählich etablierenden Total-Quality-Managements erreicht werden.

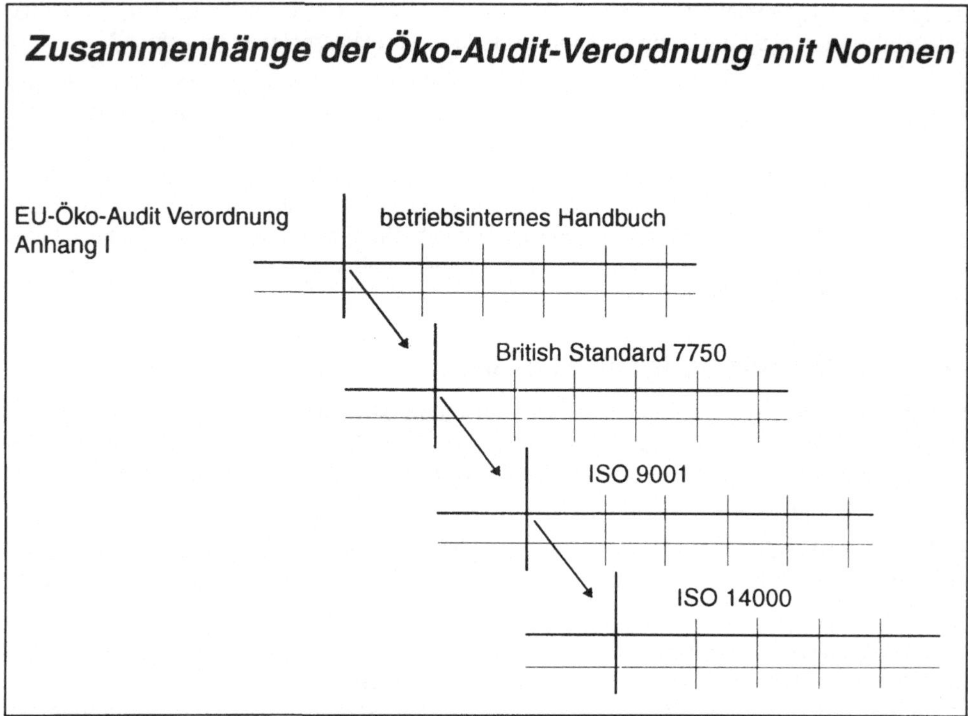


Abbildung 1-3

Trotzdem kann ein Umweltmanagementsystem in ein gut funktionierendes Qualitätssicherungssystem integriert werden, um Synergieeffekte zu nutzen. Die Kompatibilität zur Öko-Audit-Verordnung wird in diesem Falle mit Hilfe einer Matrix nachgewiesen (siehe Anhang I). Fordert nun ein britischer Kunde ein Umweltmanagementsystem nach BS 7750, wird ihm bzw. der Zertifizierungsstelle die Erfüllung der Normen ebenfalls durch eine Matrix nachgewiesen. Notwendige Ergänzungen bzw. Änderungen werden sich dann nur noch in bescheidenem Maße ergeben; zugunsten eines sowohl geringeren Zeit- als auch Kostenaufwandes (Abbildung 1-3). Das 1992 gegründete Technical Committee „Environmental Management“ der ISO erarbeitet zur Zeit eine internationale Normenreihe 14.000 zu Umweltmanagementsystemen und Öko-Audits. Verlangt nun in absehbarer Zeit ein japanischer Kunde ein Umweltmanagementsystem nach dem Muster der ISO 14.000, kann in gleicher Weise verfahren werden.

# 2 Nutzen und Chancen durch ein Umweltmanagementsystem

## 2.1 Festlegung von Bedarf und Zielen

Die reine Existenz der Öko-Audit-Verordnung wird kein hinreichender Anlaß für ein Unternehmen sein, ein Öko-Audit durchzuführen: erstens ist die Teilnahme an dem System freiwillig, und zweitens erzwingen die gesetzlichen Auflagen einen - vermeintlich - strengen Schutz der Umwelt.

Demzufolge kommt der Unternehmensführung oder den interessierten Mitarbeitern, die ein Öko-Audit gerne durchgeführt haben möchten, zum Beispiel den Umweltbeauftragten, als erste Aufgabe zu, den Bedarf im eigenen Unternehmen zu formulieren.

**Bedarf** für ein Öko-Audit besteht,

- wenn die Kunden an einem Nachweis über Umweltschutzvorkehrungen interessiert sind (beispielswiese haben im Bereich der Qualitätssicherung die Nachfragen der Abnehmer in letzter Zeit rapide zugenommen, ein regelrechter Schneeballeffekt tritt ein);
- wenn ein Wettbewerbsvorteil im Markt umgesetzt werden kann: Dies wäre mit dem EU-Logo realisierbar;
- wenn konkrete Umweltprobleme in Angriff genommen werden sollen, zum Beispiel: Einsparung von Energie und Wasser, Verminderung oder Verwertung des Abfalls etc.

***Öko-Audit - Warum?***

- ⇨ Schwachstellenerkennung und -beseitigung
- ⇨ Erkennen und Vermindern von Haftungsrisiken
- ⇨ Einhaltung der Umweltvorschriften
- ⇨ Verbesserte Ressourcennutzung
- ⇨ Mitarbeitersensibilisierung
- ⇨ Ökologische Organisationsentwicklung
- ⇨ Werbemöglichkeit mit offizieller EU-Zertifizierung
- ⇨ Wettbewerbsvorteile für das Marketing
- ⇨ Ermittlung von Kostensenkungspotentialen

**Abbildung 2-1**

Des weiteren geben Ziele der Unternehmensführung positive Handlungsimpulse wie die Einhaltung der Umweltvorschriften, das Erkennen und Vermindern von Haftungsrisiken sowie eine langfristige Absicherung des Unternehmens im Markt; weitere Aspekte enthält Abbildung 2-1.

Auf den Betrieb bezogen ergibt sich folgender **Nutzen** aus einem Öko-Audit:

- Transparenz über alle umweltkritischen Unternehmensbereiche und -funktionen;
- Gewinnung der Fakten/Daten zur verbesserten Ressourcennutzung (Öl/Gas, Wasser, Strom) als Grundlage für ein modernes Energiemanagement;
- Optimierung von Materialeinsatz, Logistik- und Distribution unter Umwelt- und Kostengesichtspunkten;
- Kenntnis aller Abfälle (Art, Menge, Umweltrelevanz) und damit Möglichkeiten zur Kostenreduzierung in der Abfallwirtschaft;
- Kenntnis über den risikobehafteten Einsatz von Chemikalien, Lösemitteln und anderen umweltgefährdenden Stoffen;
- Motivation der Mitarbeiter.

Die Aufgabenfelder, die sich daraus für den Betrieb ableiten lassen, sind in Abbildung 2-2 mit einer Auswahl an untergeordneten Aufgabenbereichen, die in den folgenden Kapiteln erläutert werden, dargestellt.

***Umweltorientierte Aufgabenfelder im Betrieb***

| ***Mitarbeitermotivation*** | ***Problem-Lösung*** | ***Umwelt-Controlling*** | ***Organisationsstruktur*** |
|---|---|---|---|
| Leitlinien<br>Kommunikation<br>Weiterbildung<br>Vorschlags-wesen<br>•<br>•<br>• | Abfall-vermeidung<br>Ressourcen-einsatz<br>•<br>•<br>• | Daten<br>Ökobilanzen<br>Umweltkosten<br>Berichtswesen<br>•<br>•<br>• | Anweisungen<br>Programm<br>Koordination<br>•<br>•<br>• |

Abbildung 2-2

## 2.2 Prüfung der personellen und finanziellen Kapazitäten

Dem Bedarf, den Zielen und dem Nutzen eines Öko-Audits stehen der personelle Aufwand und die Kosten gegenüber.

Der personelle Aufwand muß unter verschiedenen Aspekten abgeschätzt werden, denn die Umsetzung der Öko-Audit-Verordnung kann nicht ohne erheblichen Einsatz ausgewählter Mitarbeiter gelingen:

Unter der Annahme, daß möglichst viele Arbeiten extern abgewickelt werden, verbleibt den Mitarbeitern immer noch die Aufgabe, während der ersten Umweltprüfung die Daten zu beschaffen und Auskünfte zu geben. Auch das Prüfungsteam muß mit mindestens einem Unternehmenskundigen besetzt sein. Die Analyseschritte und Maßnahmenvorschläge können wiederum extern erarbeitet werden, aber das Umweltprogramm, d. h. was konkret getan werden soll in den kommenden ein bis drei Jahren, muß mit den in Frage kommenden Mitarbeitern und der Unternehmensleitung diskutiert werden. Alle anderen Aufgaben belasten die personellen Kapazitäten des Unternehmens nicht, statt dessen ist der finanzielle Beitrag entsprechend zu veranschlagen.

Andererseits kann der Projektplan vorsehen, möglichst viele Aufgaben durch Mitarbeiter erledigen zu lassen. Abhängig von der Kompetenz und der Erfahrung mit ökologischen Problemen, die ein langjähriger Umweltbeauftragter in der Regel besitzt, kann die erste Umweltprüfung intern vorbereitet und durchgeführt werden, die sogenannte „Betriebsblindheit" erfahrener Mitarbeiter kann den Erfolg der Prüfung allerdings gefährden. Die folgenden Umweltbetriebsprüfungen, die internen Audits, können von eigenen Mitarbeitern durchgeführt werden, wenn eine entsprechende Qualifizierung vorliegt. Bei kleineren und mittleren Unternehmen sollten Kontrollfunktionen wie das Öko-Audit von externen Personen vorgenommen werden, allein schon zur Wahrung der Objektivität des Kontrollgremiums. Letztendlich kann mit im Umweltschutz qualifizierten Mitarbeitern und ausreichenden freien Kapazitäten im Personalbereich ein Öko-Audit weitgehend selbständig durchgeführt werden. Erfahrungsgemäß fehlen aber die freien Kapazitäten bei den Spezialisten, denn sie sind durch das Tagesgeschäft ausgelastet.

Am Ende des Verfahrens der Öko-Audit-Verordnung steht die Gültigkeitserklärung als Voraussetzung zur Zertifizierung. Sie kann nur von einem zugelassenen Umweltgutachter erteilt werden.

## 2.3 Vorteile durch die Umsetzung der Öko-Audit-Verordnung

Dieser Abschnitt gibt Antworten auf die typischen Fragen, die sich interessierte Unternehmer oder Angestellte stellen, wenn sie sich näher mit der Öko-Audit-Verordnung und ihrer Umsetzung befassen:

**1) Wie kann ein Unternehmen mit hohem Umweltschutz-Standard den Umweltschutz dennoch kontinuierlich verbessern?**

Die Regelungen der Öko-Audit-Verordnung überlassen es dem Unternehmen, in welchem Maße und in welchen Bereichen der Umweltschutz verbessert werden soll. Nicht alle umweltrelevanten Sachverhalte müssen mit Maßnahmen bedacht werden, denn ist in einem Bereich die beste verfügbare Technik bereits etabliert, wäre es unsinnig, in diesem Bereich eine Verbesserung zu fordern. Allerdings sollte mit der Entwicklung Schritt gehalten werden, so daß durchaus aus heutiger Sicht optimale Bereiche in Zukunft einer Verbesserungsmaßnahme bedürfen. Mit der Forderung nach Kontinuität in der Umweltverbesserung wird der Tatsache Rechnung getragen, daß die Umweltbelastung sich unter dem Einfluß vieler Faktoren dynamisch entwickelt, Umweltschutzmaßnahmen ebenso nicht statisch gesehen werden können. Der Erkenntnisstand von heute wird schon morgen als ungenügend gelten.

Das Verfahrensschema der kontinuierlichen Umweltverbesserung, dargestellt in Stufen (Abbildung 2-3), verdeutlicht die prinzipiellen Möglichkeiten zur Erfüllung der Verordnung.

Die Aufgaben des Umweltschutzes sind sehr vielfältig; es geht nicht nur um eine Reduktion der Abwasser-, Abfall- oder Energielast. In der Produktentwicklung und der Personalpolitik steckt ein schier unerschöpfliches Potential für Verbesserungen im Umweltschutz; beispielsweise ändert sich die Wertehaltung in der Gesellschaft permanent, so daß eine Anpassung der Weiterbildung und Motivationsförderung, Arbeitsplatzgestaltung und Mitarbeiterstruktur als eine ständige Aufgabe auch im Sinne des Umweltschutzes bleibt.

Aber auch wenn die Stufen niedriger werden, wenn beispielsweise ein Betrieb, der jahrelang Umweltschutzmaßnahmen durchgeführt hat, nur noch in kleinen Schritten Umweltverbesserungen umsetzen kann, belegt der Tätigkeits- und Datenbericht im Rahmen der Umwelterklärung retrospektiv, wo das Unternehmen ökologisch steht. Die Kontinuität der Verbesserung zugunsten der Umwelt darf also nicht isoliert vom Status quo und den bisherigen Leistungen betrachtet werden. Deshalb sieht die Umwelterklärung die Einbeziehung des geleisteten Umweltschutzes zur Information der Öffentlichkeit explizit vor.

**2) Schneidet ein Unternehmen, das sich bisher nicht um Fragen des Umweltschutzes gekümmert hat, nicht besser ab, da das Verbesserungspotential viel größer ist als bei einem umweltorientierten Unternehmen?**

Eine Entwertung des Zertifikats durch die zu erwartende breite Streuung der Vergabe in Europa ist zwar einerseits zu befürchten, aber durch die Pflicht zur Information der Öffentlichkeit mittels der Umwelterklärung, die wiederum geprüft wird, kann jedermann das tatsächli-

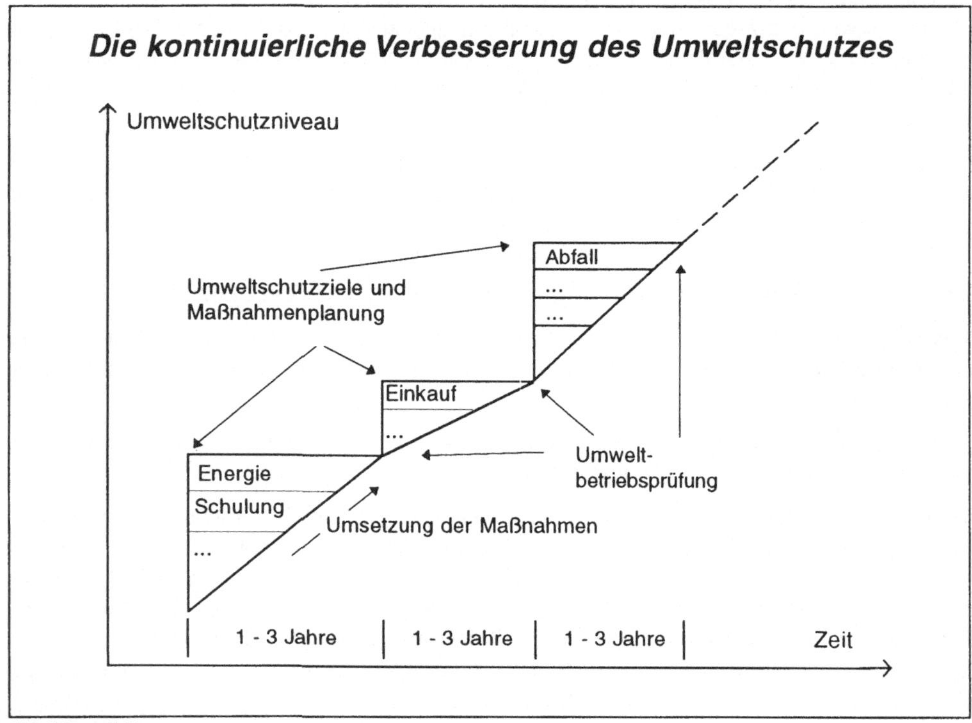


Abbildung 2-3

che Umweltschutzniveau beurteilen. Entsprechende Rankinglisten werden schnell im Umlauf sein, und so wird sich zeigen, daß das Logo zwar eine Grundvoraussetzung für eine umweltorientierte Umweltpolitik darstellt, aber eng an die ebenso bedeutende Umwelterklärung gekoppelt ist.

**3) Wird die Öffentlichkeit über alle Schwachstellen informiert, die im Rahmen eines Öko-Audits entdeckt werden?**

Alle Schritte, die Aufzeichnungen und Ergebnisse, bleiben solange unternehmensintern, bis das Unternehmen ein Logo erhalten will und infolgedessen den zugelassenen Umweltgutachter bestellt. Eine Umweltprüfung im Sinne der Öko-Audit-Verordnung, d. h. eine Bestandsaufnahme und Schwachstellenanalyse zum Umweltschutz, kann einem Unternehmen erst die Klarheit schaffen, die es zur Entscheidung für die Teilnahme an der Öko-Audit-Verordnung benötigt.

Die exakte Formulierung der Umwelterklärung ist allerdings wichtig, da es für den Unternehmer kein Zurück mehr gibt, wenn die Öffentlichkeit informiert wurde.

**4) Wie kann ich das potentielle Mißtrauen meiner Mitarbeiter gegenüber einer Prüfung abbauen?**

In der Öko-Audit-Verordnung ist viel von Kontrollverfahren, zu denen das Öko-Audit selbst auch gehört, die Rede. Dieser Anspruch schürt das Mißtrauen der Mitarbeiter, da an ihrem Einsatzwillen gezweifelt wird. Daher muß den Mitarbeitern verdeutlicht werden, daß zum einen der Umweltschutz, an dem fast jeder Mitarbeiter an seinem Arbeitsplatz sowie als Bürger und Privatmann interessiert ist, verbessert wird. Zum anderen sollen die Zuständigkeiten im Unternehmen klar geregelt werden. Die Unsicherheit und das Risiko der Mitarbeiter in bezug auf umweltrelevante Arbeitsabläufe wird verringert, und die Kompetenzen werden eindeutig festgelegt.

**5) Wie kann ich den Aufwand eines Öko-Audits rechtfertigen?**

Die Bereitschaft, ein Risiko einzugehen oder es zu minimieren, läßt sich schwer gegenrechnen. Aber je größer die Wahrscheinlichkeit des Eintritts eines Umweltschadens und je schwerwiegender die strafrechtlichen und finanziellen Folgen sein werden, desto geringer dürfte die Bereitschaft sein, ein hohes Risiko einzugehen. Beide vorgenannten Faktoren nehmen an Relevanz zu, die Absicherung durch Versicherungen - der Deckungsumfang und die Haftungssumme - geht dagegen zurück.

Außerdem lassen sich nahezu immer Kostensparpotentiale in den Bereichen Energie, Wasser und Entsorgung finden, die die Investition für ein Öko-Audit mittelfristig relativieren.

# 3 Haftungsfragen und Risikobegrenzung

Der Verfasser dieses Beitrags ist als Rechtsanwalt in Österreich zugelassen. Die grundsätzlichen Rechtsprinzipien, die in allen drei Ländern gelten, sind einander jedoch ähnlich. Daher ist die übersichtsweise Beschreibung der Umwelt-Haftungsregeln durch einen österreichischen Juristen für ein Buch, das für den gesamten deutschsprachigen Raum verfaßt wird, sinnvoll und zulässig. Ich gehe in der folgenden Darstellung grundsätzlich von der österreichischen Rechtslage aus, vermeide aber zur besseren Verständlichkeit auch für Deutsche und Schweizer Leser grundsätzlich Zitierungen österreichischer Gesetzesstellen.

Es existieren bereits umfangreiche einschlägige Rechtsnormen der Europäischen Union, die eine einheitliche Rechtslage in den Mitgliedstaaten der Europäischen Union zum Ziel haben. Das EU-Umweltrecht gilt jedenfalls in Deutschland als Mitglied der EU; seit dem 1.1.1995, seit Österreich ebenfalls EU-Mitglied ist, gilt es auch dort, allerdings mit Übergangsfristen bis zu 4 Jahren.

Das Umweltrecht ist nicht als ein geschlossen kodifiziertes Rechtsgebiet zu sehen, sondern in vielen Einzelbestimmungen (manchmal etwas unsystematisch) in zahlreichen auch nicht spezifisch umweltrechtlichen Gesetzen und Verordnungen etc. geregelt. Zur Auslegung der zahlreichen neuen Vorschriften besteht in vielen Fällen beträchtliche Rechtsunsicherheit. Zum richtigen Verständnis umweltrechtlicher Bestimmungen sind oft auch Kenntnisse aus anderen Wissenschaftsgebieten (Ökonomie, Ökologie, Technik etc.) Voraussetzung. Das Umweltrecht gehört somit heute zu den kompliziertesten und komplexesten Rechtsgebieten überhaupt.

Mangels ausreichender Spezialisierung im Umweltrechtsbereich prüfen seriöse Rechtsberater genau, ob sie (komplexere) Aufträge im umweltrechtlichen Bereich übernehmen können. Es ist daher nicht unverständlich, daß Umweltbeauftragte und Geschäftsführer mit meist technisch-kaufmännischer Ausbildung, ja sogar hervorragende Rechtsabteilungen großer Unternehmen, gerade im Umweltrechtsbereich oft externe Beratung beiziehen (müssen!). Besonders im Umweltrechtsbereich sind die finanziellen Auswirkungen für die betroffenen Unternehmen oft besonders dramatisch (Investitionserfordernisse, Sanierungsverpflichtungen, Schadenersatzhaftungen, Betriebsbeschränkungen oder - schließungen etc.). Achten Sie daher darauf, zur Beratung und Vertretung in umweltrechtlichen Belangen einschlägig spezialisierte Juristen beizuziehen.

## 3.1 Die Umwelthaftung

Unter "Umwelthaftung" kann viel verstanden werden. Nach wissenschaftlich-statistischen Berechnungen beträgt das Ausmaß der jährlichen "Umweltschäden" in Deutschland und vergleichbar in Österreich und der Schweiz bis zu 6% des gesamten Bruttosozialproduktes eines Staates.

Umwelthaftung in einem weiten Sinn ist jeder Nachteil oder jede Sanktion, die eine natürliche oder juristische Person als Folge eines von ihr verursachten Umwelteinflusses erfährt.

Man unterscheidet

- Geld- oder Freiheitsstrafe als strafrechtliche Sanktion,
- Geldbuße bei Verstoß gegen eine Ordnungswidrigkeit,
- Schadenersatz sowie

## 3.2 Wen betreffen Umwelthaftungen?

- Unternehmen selbst,
- deren Geschäftsführung und
- die Umweltverantwortlichen in den Unternehmen können haftbar gemacht werden.

Den beiden letzteren drohen vor allem Geldbußen/-strafen und Freiheitsstrafen, aber auch Schadenersatzansprüche.

Sind Unternehmen von Umwelthaftungen betroffen, können diese unter gewissen Umständen im Regreßweg ihre Geschäftsführer und ihre Mitarbeiter verantwortlich machen.

Kauft etwa die Geschäftsführung grob fahrlässig eine kontaminierte Liegenschaft, ohne das Ausmaß der Kontamination und die daraus folgenden Sanierungskosten ausreichend zu untersuchen, kann dadurch dem Unternehmen beträchtlicher Schaden entstehen. Hat die Geschäftsführung nicht mit ausreichender Sorgfalt gehandelt, kann sie vom Unternehmen im Regreßweg für den Schaden verantwortlich gemacht werden.

Gesellschaftsrechtliche Unternehmensformen mit beschränkter Haftung (GmbH, AG) können Schutz vor unbeschränkten Haftungen bieten.

## 3.3 Weitere mögliche Folgen

Neben den rechtlichen Konsequenzen gibt es eine Reihe von möglichen "Umwelthaftungen" als Folge schlechter Umwelt-Performance eines Unternehmens, die schwerwiegende Auswirkungen für das Unternehmen darstellen können; dies sind - um nur einige anzuführen - Schwierigkeiten, qualifizierte Mitarbeiter zu finden, Probleme mit Lieferanten, Abnehmern und Behörden, bei der Kreditfinanzierung und mit Betriebsversicherern, allgemein schwere PR-Nachteile.

Haftungen nach Strafgesetz und Ordnungswidrigkeitengesetz (Verwaltungsstrafrecht) sowie Schadenersatzrecht sind im folgenden Kapitel näher beschrieben.

## 3.4 Die strafgesetzliche Haftung

Straftaten sind üblicherweise Diebstahl, Körperverletzung, Betrug etc. Eine strafgesetzliche Verurteilung führt zur sogenannten "Vorstrafe". Der strafgesetzlich Verurteilte gilt nicht länger als unbescholten.

Das Umwelt-Strafgesetz sanktioniert Verletzungen und sogar Gefährdungen der Umwelt.

**Tatbestandsmäßig sind**

- Körperverletzung
- Gewässer-, Luft- und Bodenverunreinigung, auch Lärm
- Umweltgefährdende Abfallbeseitigung und umweltgefährdender Anlagenbetrieb
- Gefährdung des Tier- und Pflanzenbestandes
- schwere Umweltgefährdung

**Bestraft wird:**

- **aktives Tun** und **Unterlassen**,

  (zum Unterlassen: Der Manager hat Garantenstellung, deshalb haftet er.)

Typische Unterlassungsdelikte im Betrieb sind

- das Unterlassen des rechtzeitigen Abschaltens einer Anlage,
- das Unterlassen des rechtzeitigen Baues einer Schutz- oder Sicherungsanlage oder einer Reinigungsanlage,
- das Unterlassen des Einsatzes ausreichend geschulten Personals etc.)

- mit **Vorsatz** oder **Fahrlässigkeit**,
- **jede Begehungsform** (Anstiftung, Beteiligung etc.).

Es drohen mehrjährige Freiheitsstrafen und Geldstrafen.

Verursachung, Rechtswidrigkeit und Verschulden sind Voraussetzung, um eine strafbare Handlung zu setzen.

Der Nachweis der Verursachung einer Umweltgefährdung oder -schädigung durch den Angeklagten ist besonders bei Luft- und Wasserverschmutzungen oft nur schwer möglich, speziell wenn mehrere Emittenten zur Verschmutzung beigetragen haben.

Irrtum des Täters schützt grundsätzlich vor Strafe nicht.

Tätige Reue, das ist vollständige Schadensgutmachtung, die rechtzeitig erfolgt, bevor die Behörde von der Tat und dem Täter Kenntnis erlangt hat, führt zur Strafbefreiung. Bei nicht vermögenswerten Schäden, etwa bei Gesundheitsschädigungen, ist vollständige Schadensgutmachung nicht möglich. "Tätige Reue" führt dort immerhin zur Strafmilderung.

**Die Verantwortlichen:**

Die strafrechtliche Verantwortlichkeit trifft nicht das Unternehmen, sondern die entscheidungs- und aufsichtsbefugten Personen im Unternehmen; sehr oft daher die **Geschäftsführung**.

Bei **horizontaler Arbeitsteilung** innerhalb der Geschäftsleitung sind nur ausnahmsweise alle Mitglieder der Geschäftleitung verantwortlich. Grundsätzlich ist jedes Geschäftsführungsmitglied nur für sein Ressort verantwortlich. Ohne konkreten Anlaß können die übrigen Mitglieder der Geschäftsleitung darauf vertrauen, daß das zuständige Mitglied seine Aufgaben ordnungsgemäß erfüllt. Bei konkretem Anlaß greift jedoch der Grundsatz der Allzuständigkeit ein, das heißt, alle Mitglieder der Geschäftsleitung sind gefordert. Bei sich wiederholenden Störfallen etwa, wird auch der Finanzdirektor im Unternehmen handeln müssen, wenn ersichtlich ist, daß das zuständige Geschäftsführungsmitglied das Problem nicht oder nicht ausreichend löst. In einem solchen konkreten Anlaß ist dann jedes Mitglied der Geschäftsführung verpflichtet, unter vollem Einsatz seiner Mitwirkungsrechte alles ihm Mögliche und Zumutbare zu tun, um Umweltgefährdungen oder -schäden zu vermeiden; zum Beispiel ist alles zu unternehmen, um einen Handlungsbeschluß der gesamten Geschäftsführung herbeizuführen. Was jeweils "möglich und zumutbar" ist, ist im Einzelfall auch unter Berücksichtigung der wirtschaftlichen Abhängigkeit des Mitarbeiters vom Unternehmen und der Schwere der drohenden Umweltschädigung zu beurteilen.

Eine unternehmensinterne Organisationsstruktur, die auf der Geschäftsleitungsebene Vorgesetzten/Untergebenen-Verhältnisse schafft, ändert an dieser Verantwortlichkeit der einzelnen Geschäftsführungsmitglieder nichts.

Die Ressortverteilung innerhalb der Geschäftsführung kann auf ausdrücklicher Zuständigkeitsverteilung, auf tatsächlicher Funktionsübernahme oder auf Zuordnung nach der Natur der Sache beruhen.

**Vertikale Verantwortungsverlagerung**, also die Delegation von Verantwortlichkeiten nach unten entlastet die Geschäftsleitung von ihrer strafrechtlichen Verantwortlichkeit nur begrenzt. Sie bleibt jedenfalls restverantwortlich für Auswahl-, Anweisungs- und Überwachungspflichten.

Die Geschäftsleitung hat jedenfalls zu sorgen für

- ausreichende personelle und finanzielle Ausstattung,
- funktionierenden Informationsfluß,
- funktionierende Organisation.

Die Geschäftsführung (der Betriebsinhaber) ist grundsätzlich strafbar, wenn

- Gefährdung oder Schaden vorhersehbar waren
- rechtmäßiges Alternativverhalten zumutbar war
- keine Handlungen gesetzt bzw. die Befolgung der Weisungen nicht überwacht wurde.

Die von der Geschäftsleitung beauftragten **Umwelt-Verantwortlichen** haften üblich bei aktivem Tun.

Als Unterlassungstäter werden sie in der Regel nur angesehen, wenn sie entsprechende Entscheidungsbefugnis haben. Wegen Teilnahme durch Unterlassen wird der Umweltbeauftragte auch ohne Weisungsbefugnis aber bestraft werden, wenn er pflichtwidrig seinen Kontroll-, Informations- und Initiativpflichten nicht nachgekommen ist und die Erfüllung seiner Pflichten den Deliktserfolg verhindert oder zumindest mit hoher Wahrscheinlichkeit vermieden hätte.

Der Umweltbeauftragte mit Weisungsbefugnis ist grundsätzlich neben der Geschäftsführung verantwortlich. Er muß sich aktiv um seinen Aufgabenbereich kümmern. Kriterien seiner Strafbarkeit sind

- Vorhersehbarkeit
- Zumutbarkeit
- Befolgen bzw. Nichtbefolgen von Weisungen an ihn
- Überwachung von ihm erteilter Weisungen.

Die wirtschaftliche Abhängigkeit des Beauftragten vom Unternehmen wird im Sinne einer Zumutbarkeit rechtmäßigen Alternativverhaltens geprüft und kann strafbefreiend für den Beauftragten sein.

## 3.5 Ordnungswidrigkeitengesetz (Verwaltungsstrafrecht)

Als Ordnungswidrigkeit (Verwaltungsübertretung) gilt zum Beispiel eine Geschwindigkeitsüberschreitung im Straßenverkehr. Eine Buße (Verwaltungsstrafe) dafür gilt nicht als "Vorstrafe". Sie erscheint nicht in einer "Strafregisterauskunft", der Betroffene gilt weiterhin als "unbescholten".

Während das Umwelt-Strafgesetz in einem Gesetzeswerk kodifiziert ist, findet sich das Umwelt-Ordnungswidrigkeitenrecht (-Verwaltungsstrafrecht) in vielen verschiedenen Gesetzen, Verordnungen etc.

Als Strafen sieht das Umwelt-Ordnungswidrigkeitenrecht (-Verwaltungsstrafrecht) im wesentlichen Geldstrafen (Deutschland: Höchststrafen DM 5.000,00 bis DM 1.000.000,00 nach der Novellierung ab November 1994; Österreich: Höchststrafen öS 15.000,00 bis öS

500.000,00) vor. Diese Strafen können bei Dauerdelikten auch mehrfach nebeneinander verhängt werden (zum Beispiel bei Aufrechterhaltung eines gesetzwidrigen Zustandes, etwa mehrfache Emissions-Grenzwert-Überschreitungen über einen längeren Zeitraum).

Grundsätzlich haftet nicht das Unternehmen selbst, sondern eine oder mehrere natürliche Person(en) mit Weisungs- und Aufsichtsbefugnis. Eine Entlastung des Vorstandes (Betriebsinhabers) aus der Haftung ist im Bereich der Ordnungswidrigkeiten durch die Bestellung von Beauftragten grundsätzlich möglich.

Voraussetzung dafür ist, daß

- ein Beauftragter nachweisbar bestellt wurde,
- ihm ein klarer Aufgabenbereich zugewiesen und
- ihm Weisungsbefugnis erteilt wurde.

Der Vorstand (Betriebsinhaber) bleibt auch bei Bestellung eines Beauftragten mit Weisungsbefugnis jedenfalls verantwortlich,

- wenn er die Anordnung zur Tat erteilt hat,
- wenn er von der Übertretung gewußt hat und sie vorsätzlich nicht verhindert hat,
- wenn er die Tat ernstlich für möglich gehalten haben muß und sie nicht verhindert hat.

Ein von der Geschäftsführung bestellter Beauftragter mit Weisungsbefugnis haftet grundsätzlich im Rahmen seines Aufgabenbereiches. Ohne Weisungsbefugnis haftet der Beauftragte jedenfalls für Beihilfe, das wäre zum Beispiel auch die vorsätzliche Unterlassung der Abwehr oder die vorsätzliche Erleichterung einer Umwelttat.

Hat ein bestellter Beauftragter bei der vorgeworfenen Handlung eine besondere Weisung (der Geschäftsführung) befolgt, kann der Beauftragte von seiner Haftung befreit sein, wenn ihm rechtmäßiges Alternativverhalten nicht zumutbar war (zum Beispiel wegen wirtschaftlicher Abhängigkeit).

## 3.6 Schadenersatz

Die schadenersatzrechtlichen Vorschriften finden sich im Bürgerlichen Gesetzbuch sowie im Umwelt- und Produkthaftungsgesetz, im Bundesimmissionsschutzgesetz und im Wasserhaushaltsgesetz (Deutschland) beziehungsweise im Allgemeinen Bürgerlichen Gesetzbuch (Österreich); daneben noch in zahlreichen Vorschriften zu den einzelnen Umweltbereichen.

Der Anspruch geht zumeist auf Zahlung von Geldersatz.

Gehaftet wird grundsätzlich für die Verursachung rechtswidriger schuldhafter Handlungen. Im Schadenersatzprozeß ist grundsätzlich jeder für die von ihm aufgestellten Behauptungen beweispflichtig.

Spezielle Umwelt- und Produkt-Haftungs-Vorschriften, aber auch die höchstrichterliche Rechtsprechung zum Deliktsrecht, sehen eine Beweislastumkehr vor, die einem anspruchstellenden Geschädigten den Beweis der Verursachung des Schadens durch den Schädiger erleichtern. Zu diesem Zweck sehen neuere Umweltgesetze auch weitgehende Informationsrechte der Bürger gegenüber Unternehmen und Behörden vor.

Auch vom Verschulden des Schädigers völlig unabhängige Schadenersatzpflichten bestehen.

## 3.7 Exkurs: Haftung bei Liegenschafts- und Unternehmenskauf

Wer ein Unternehmen oder eine Liegenschaft übernimmt, erhält die damit verbundenen Rechte, haftet grundsätzlich aber auch für die damit verbundenen Pflichten und Lasten.

Nach dem allgemeinen Ordnungsrecht und nach speziellen Altlasten-Vorschriften können behördliche Sanierungsaufträge nicht nur dem Altlastenverursacher, sondern unter bestimmten Voraussetzungen auch den Liegenschaftseigentümern erteilt werden. Bodenproben sollten daher vor dem Kauf von Industrie- und Bewerbeliegenschaften gezogen werden. Die Kenntnis von Liegenschaftskontaminationen beugt auch nachträglichen Streitigkeiten zwischen Käufer und Verkäufer über Gewährleistung, Schadenersatz, Irrtumsanfechtung u. a. vor, wenn nach Kaufabschluß Kontaminationen auf dem Kaufgegenstand gefunden werden. Für Verschmutzungen, die ein Verkäufer dem Käufer vorsätzlich verschwiegen hat, haftet er dem Käufer jedenfalls.

Der Käufer eines Unternehmens sollte beim Kauf besonders auch die mit der Betriebsanlage verbundenen behördlichen Berechtigungen (gewerberechtliche Befugnisse, abfallrechtliche Erlaubnisse etc.) und deren Erweiterungsmöglichkeiten (soweit für ihn nötig) prüfen. Auch allfällige behördliche Auflassungsvorkehrungen, die an der Betriebsanlage haften, sollten vor dem Kauf berücksichtigt werden. Mögliche Ersatzansprüche von Nachbarn, die Schäden durch Emissionen eines Unternehmens erlitten haben, bestehen grundsätzlich gegen das Unternehmen auch nach dessen Verkauf weiter.

Die Haftung des Käufers gegenüber Dritten oder Behördenaufträgen für die mit dem Kaufobjekt (Unternehmen, Liegenschaft) verbundenen Verbindlichkeiten (Schadenersatzhaftungen, Sanierungskosten, Investitionspflichten etc.), ist meistens betraglich nicht begrenzt. Zur Haftungsbegrenzung dienen dem Käufer Gesellschaftsformen, wie zum Beispiel die Gesellschaft mit beschränkter Haftung (GmbH) oder die Aktiengesellschaft (AG).

Achtung: Die vertragliche Vereinbarung zwischen Käufer und Verkäufer über Haftungsausschlüsse oder Haftungsübernahmen für Sanierungskosten hat keine Auswirkung auf einen möglichen behördlichen Auftrag zur Sanierung einer kontaminierten Liegenschaft. Vereinbaren also die Vertragsparteien vertraglich die Tragung der Sanierungskosten etwa durch den Käufer, kann die Behörde ohne Rücksicht auf diese Vereinbarung über die Erteilung eines behördlichen Sanierungsauftrags an den Verkäufer entscheiden.

Unternehmen sollten beim Kauf besonders geprüft werden in Hinblick auf folgende Umweltbereiche:

- Liegenschaftskontaminationen,
- behördliche Bewilligungen,
- nicht erfüllte oder zu erwartende behördliche Umweltaufträge (Auflagen) und
- Umwelt-Schadenersatzpflichten.

## 3.8 Schutzziele

Schutz vor Umwelthaftungen bedeutet somit

- Streben nach umweltfreundlicheren Produkten und Arbeitsvorgängen
- Schutz vor (überraschenden) Investitionserfordernissen
- Schutz vor (überraschenden) Schadenersatzhaftungen
- Schutz vor negativer Umwelt-PR.

## 3.9 Umweltmanagement und Öko-Audit - ein Schutz vor „Umwelthaftungen"?

Ein wichtiger Aspekt soll gleich anfangs nicht unbeachtet bleiben: Das heutige Umweltrecht wird vielfach als Polizeirecht mit Geboten und Verboten kritisiert, welche man zu umgehen versuche; als ein Recht mit zu vielen und unklaren Bestimmungen, so daß aus der Rechtsunsicherheit bereits unzumutbare Haftungsgefahren entstehen. Mehr Gesetze bedeuten nicht unbedingt eine Verbesserung des Umweltschutzes. Das übliche System der Regelung von Emissions- und Immissionsgrenzwerten führe zu Versteinerungen. Die Rechtsbestimmungen seien abstrakt, somit könnten Einzelumstände zuwenig berücksichtigt werden. Bei den Vollzugsbehörden mangele es an ausreichendem Know-how und Kapazität, um Umweltschutzvorschriften durchzusetzen, bei den Unternehmen mangele es an Anreizen zu proaktivem Umweltschutz.

Daher besteht besonderer Bedarf, statt mehr Gesetzen und mehr Strafen nunmehr Anreize zu proaktivem Umweltschutz zu schaffen und die Eigenkontrolle und Selbstverantwortung im Unternehmen zu fördern; insbesondere auch für eine ausreichende Kenntnis von den für das Unternehmen geltenden umweltrechtlichen Vorschriften zu sorgen. Umweltmanagement und Öko-Audit sind eine Verfahrensanleitung, diese notwendigen Ziele zu erreichen.

Durch die Einrichtung eines effizienten Umweltmanagements im Unternehmen und die Abhaltung von regelmäßigen Öko-Audits wird das Risiko des Eintritts einer Umweltgefährdung oder -schädigung durch dieses Unternehmen verringert, somit auch das Risiko von Umwelthaftungen für dieses Unternehmen.

Die Einführung eines Umweltmanagements und die Abhaltung von Öko-Audits wird daher nicht nur Umwelthaftungen für das Unternehmen minimieren, sondern auch das persönliche Haftungsrisiko der Geschäftsleitung und der Umweltbeauftragten verringern. Dies gilt vor allem zur Vorbeugung gegen Unterlassungshandlungen und fahrlässigem Handeln. Freilich gilt dies nicht, wenn trotz Umweltmanagement vorsätzlich gegen die Umwelt gehandelt wird.

Die Einrichtung des Umweltmanagements bringt Haftungsentlastungen für die Geschäftsführung durch horizontale und vertikale Delegation.

Die Einrichtung eines Umweltmanagements und die Durchführung regelmäßiger Öko-Audits beugt Auswahl-, Anleitungs-, Überwachungs- und Organisationsvorwürfen gegen das Management und die Beauftragten vor.

Durch die Einrichtung eines Umweltmanagements und von Öko-Audits wird besonders durch klare Aufgabenzuteilungen und durch ausreichende Dokumentations- und Informationsvorgänge sowie regelmäßige Überwachung eine Regreßhaftung des Managements und der Beauftragten gegenüber dem Unternehmen für Schäden, die dem Unternehmen aus Umwelthaftung dennoch entstehen könnten, vermieden; die Entstehung des Schadens wird der Geschäftsführung und den Beauftragten kaum mehr vorwerfbar sein (Information, Überwachung, Dokumentation, Kompetenzregelung, Schulung etc.).

Bedenken, ausführliche Aufzeichnungen über umweltrelevante Schwachstellen im Unternehmen seien nachteilig, weil sie im Schadensfall leichter zu einer strafrechtlichen Verurteilung wegen vorsätzlichen Handelns führen könnten, gehen an der Sache vorbei. Auch das bewußte Eingehen und Akzeptieren eines Risikos gilt nämlich bereits als vorsätzliches Handeln. Die Entschuldigung wegen „Unkenntnis" bleibt meist ohne Erfolg, weil dem Management und den Beauftragten eine entsprechende Informations- und Überwachungspflicht auferlegt ist.

Zur Sicherung berechtigter Geheimhaltungsinteressen der Unternehmen können Rechtsanwälte, wie dies in den Vereinigten Staaten von Amerika häufig der Fall ist, als Generalunternehmer mit der Durchführung von Öko-Audits beauftragt werden. Rechtsanwälte haben nicht nur eine strenge Verschwiegenheitspflicht, sondern auch ein weitgehendes Verschwiegenheitsrecht, auch gegenüber Behörden, betreffend Tatsachen, die ihnen im Zusammenhang mit ihrer Tätigkeit zur Kenntnis gelangt sind. Dieses Privileg gilt auch für die Mitarbeiter des Rechtsanwaltes und wird auch für dessen Subunternehmer in Anspruch genommen.

Zusammenfassend muß Umweltmanagement und Öko-Audit als wirksamer Schutz der Unternehmen, ihrer Geschäftsführung und ihrer Beauftragten gegen „Umwelt-Haftungen" beurteilt werden.

# 4 Instrumente des integrierten Umweltschutzes

Bevor in den folgenden Kapiteln auf die Durchführung eines Öko-Audits eingegangen wird, soll nun auf die Bedeutung existierender Instrumente des betrieblichen Umweltschutzes hingewiesen und deren Funktion allgemein und im Hinblick auf die Öko-Audit-Verordnung dargestellt werden.

## 4.1 Ökobilanzen

Die betriebliche Ökobilanz dient als ein Instrument zur Erfüllung folgender Anforderungen der Öko-Audit-Verordnung:

- Bewertung und Registrierung der Auswirkungen auf die Umwelt wie unter Punkt B 3 des Anhangs I der Verordnung beschrieben.
- Unterstützung der im Rahmen der Umweltpolitik und -programme sowie der Umweltbetriebsprüfungen zu behandelnden Gesichtspunkte:
  „Energiemanagement, Energieeinsparungen und Auswahl von Energiequellen;
  Bewirtschaftung, Einsparung, Auswahl und Transport von Rohstoffen; Wasserbewirtschaftung und -einsparung;
  Vermeidung, Recycling, Wiederverwendung, Transport und Endlagerung von Abfällen;
  Bewertung, Kontrolle und Verringerung der Lärmbelästigung innerhalb des Standorts".

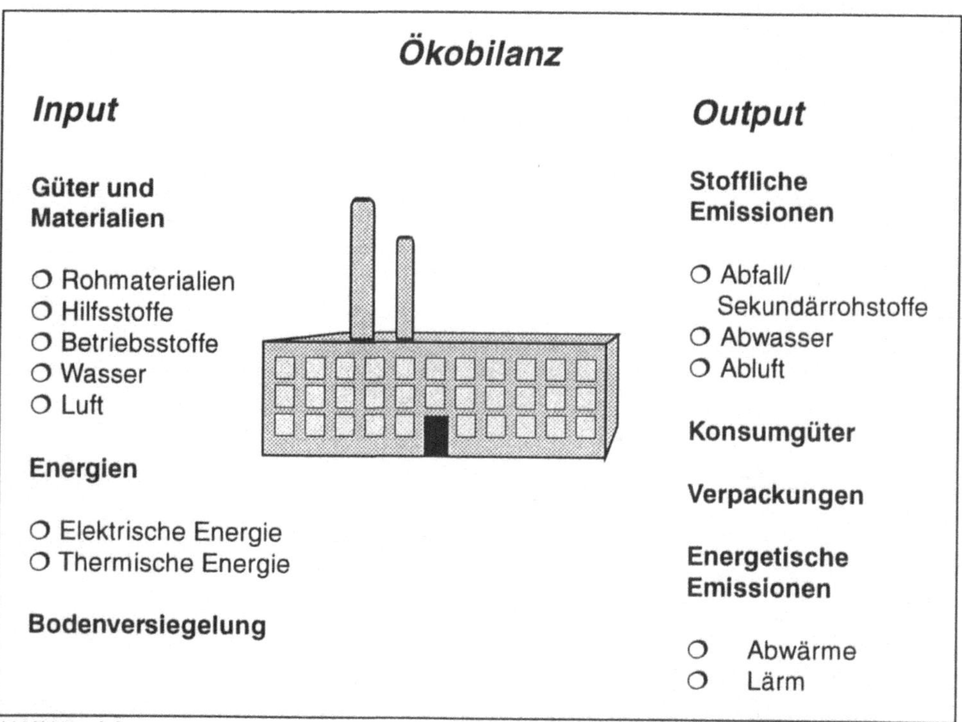


Abbildung 4-1

- In bezug auf die Umwelterklärung „eine Zusammenfassung der Zahlenangaben über Schadstoffemissionen, Abfallaufkommen, Rohstoff-, Energie- und Wasserverbrauch und ggf. Lärm und andere bedeutsame umweltrelevante Aspekte“ (Artikel 5).

Das **Konzept einer betrieblichen Ökobilanz** als Instrument der Verordnung wird im folgenden beschrieben:

Zu Beginn einer Ökobilanz, der systematischen Erfassung aller umweltrelevanten Auswirkungen (vergleiche Abbildung 4-1), wird die Zielsetzung samt Nutzenerwartung, die Abgrenzung der Ökobilanz und die Methodik festgelegt. In der **ersten Phase** wird darüber hinaus eine Priorisierung der Datenerhebung vorgenommen.

Der Bilanzrahmen wird auf den Kernbereich eingeschränkt, der vom Materialinput bis zur Entsorgung reicht. Denn die Bereiche der *zweiten Ebene* (Vorfertigung, Endabnehmer usw.) werden einerseits kaum erfaßbar sein, andererseits sind die Einflußmöglichkeiten zur Verbesserung des Umweltschutzes in diesen Bereichen sehr gering. Wenn kein Bilanzrahmen vereinbart werden würde, müßten die umweltrelevanten Auswirkungen weitverzweigt zurückverfolgt werden. Beispielsweise wäre dann der Treibstoffverbrauch der Motorsäge, die das Holz für das verwendete Papier sägt, zu berücksichtigen.

Der Anhang der Öko-Audit Verordnung läßt die Größe des Bilanzrahmens offen, denn neben den standortbezogenen Umweltauswirkungen sollen auch alle das Produkt betreffenden Umweltaspekte Berücksichtigung finden. Außerdem wird eine Einflußnahme auf Lieferanten und Kunden gefordert. Bei einer strengen Anwendung all dieser Vorgaben verliert der Bilanzrahmen mit zunehmender Größe seine Praktikabilität.

Über die Bewertungsmaßstäbe muß Einigkeit erzielt werden, auch wenn die Bewertung in der Rangfolge Sachbilanz, Wirkungsbilanz, Bewertung erst am Schluß erfolgt. Von der Bewertung hängt letztendlich die Prioritätensetzung des Maßnahmenplans ab. Einen Standard für Bewertungen gibt es noch nicht, denn die bisher entwickelten Methoden werden kontrovers diskutiert.

Praktikabel ist der kostenorientierte Ansatz, denn mit steigender Umweltbelastung steigen die Kosten, die zum Teil bereits internalisiert, das heißt dem Verursacher in Rechnung gestellt werden. Aber zum größeren Teil werden die Umweltkosten noch von der Allgemeinheit getragen, eine Umschichtung zu Lasten der Unternehmen ist in den kommenden Jahren jedoch zu erwarten (zum Beispiel Energiesteuer). Auch wenn der Kostenansatz streng wissenschaftlich gesehen bestimmte Wirkungen auf die Umwelt außer acht läßt, wie zum Beispiel das Artensterben, so dient er doch am ehesten Optimierungsstrategien. Und da eine Maßnahme in der Regel ein Bündel von Wirkungen auf die Umwelt hat, ist davon auszugehen, daß eine wertmäßig greifbare Verbesserung auch nicht kostenrelevante Umweltparameter begünstigt.

Die **zweite Phase** startet mit einer umfassenden Information der Mitarbeiter, u.a. mit Aussagen darüber, wer die Ökobilanz unterstützt, wer teilnimmt, wie der Ablauf und Zeitrahmen aussieht und welches Ergebnis erwartet wird. Die Vorgehensweise gleicht weitgehend dem Verfahren der ersten Umweltprüfung.

Fazit: Die betriebliche Ökobilanz deckt den größten Teil der Umweltprüfung ab, und eine korrekte Umweltprüfung schließt eine betriebliche Ökobilanzierung ein.

Die Datenerhebung vor Ort erfordert die Unterstützung der Mitarbeiter, die entsprechend motiviert sein müssen. Außer der reinen Datenabfrage wird auch nach Vorschlägen zur

Verbesserung unter Umweltgesichtspunkten gefragt und retrospektiv der Weg zum bisher erreichten Umweltstandard ermittelt. Dadurch werden die Mitarbeiter über das bloße Datensammeln hinaus zur Mitarbeit motiviert. Ihre Vorschläge können wertvolle Hinweise über Details vor Ort enthalten, und damit zur Praktikabilität der Maßnahmenumsetzung beitragen.

Die Daten werden von Anfang an mittels EDV verarbeitet und strukturiert. Damit gewinnt man Flexibilität bei der Zuordnung in Kontenrahmen, die in der **dritten Phase** erfolgt, ermöglicht eine kontinuierliche Fortschreibung der Daten und kann, was im Zuge der Bewertung sehr wichtig ist, Szenarien beliebig und schnell erstellen. Die Erstellung der Wirkungsbilanz und die Nutzenanalyse schließen sich daran an. Diese Kernarbeiten einer Ökobilanzierung setzen das Zahlenmaterial erst in Aussagen und Werte um, die den Einfluß auf die Umwelt widerspiegeln und die Leistung der Funktion dem Umweltverbrauch gegenüberstellen. Hieraus ergeben sich dann die Prioritäten der Maßnahmen, die der Umwelt, den Mitarbeitern und dem Unternehmen den meisten Nutzen bringen (siehe Abbildung 4-2). Einige Voraussetzungen für die Implementierung eines Umwelt-Controllings sind mit diesem Vorgehen einer Ökobilanzierung geschaffen worden. Der Übergang zu einem Umwelt-Controlling, das die Umsetzung der Maßnahmen verfolgt und Korrekturen ermöglicht, verläuft folglich fließend.

## *Ökobilanz erstellen*

**❍ Input-/Output-Daten in Kontenrahmen übertragen mit**

- Physikalischen Einheiten / Mengen
- Kosten
- Ortsbezug
- Kennzahlen

**❍ Plausibilitätsprüfung durch**

- Vergleich mit bekannten Kennzahlen
- Doppelrechnungen
- Nachfragen

Einordnung der Daten in **Wirkungskategorien**, um die tatsächliche Umweltbelastung aufzuzeigen

**❍ Nutzenanalyse erstellen**

- Funktions- und Leistungsvergleich
- Reparaturfreundlichkeit und Service

**❍ Maßnahmen erarbeiten**

- Amortisationsrechnungen im Energiebereich
- Abfallentsorgung nach dem neuen Kreislaufwirtschaftsgesetz
- Umweltmarketing bei Mitarbeitern und Kunden
- Arbeitsplatzqualität

**Abbildung 4-2**

## 4.2 Umwelt-Controlling

Die Erfüllung der Anforderungen an Umweltmanagementsysteme nach der EU-Öko-Audit-Verordnung bedingt ein funktionierendes innerbetriebliches Berichtswesen sowie Planungs-, Kontroll- und Steuerungsinstrumente. Ein System, das alle diese Voraussetzungen für einen effektiven betrieblichen Umweltschutz - auch außerhalb der Öko-Audit Verordnung - erfüllt, soll entwickelt werden.

Mit der Einrichtung eines Umwelt-Controlling werden folgende Ziele erreicht:

- Planung, Steuerung und Überwachung aller Umweltschutzaktivitäten im Unternehmen
- Größere Rechtssicherheit für die Unternehmensführung, weil die Erfüllung gesetzlicher Anforderungen kontrolliert und die Nachweisführung entsprechend behördlicher Auflagen volllzogen wird.
- Risikovorsorge, weil durch das Berichtswesen Gefahrenpotentiale frühzeitig erkannt werden und die Unternehmensführung gegensteuern kann.
- Investitionsentscheidungen werden abgesichert.
- Einsparpotentiale werden aufgedeckt, weil die Stoffströme transparent gemacht werden.

Damit werden zahlreiche Punkte, die im Anhang der Öko-Audit-Verordnung als zu berücksichtigenden Aspekte vorgeschrieben sind, erfüllt:

- „Überwachung und Kontrolle der relevanten verfahrenstechnischen Aspekte (zum Beispiel Verbleib von Abwässern und Beseitigung von Abfällen)" (Anhang I, B., 4. Festlegung von Aufbau- und Ablaufverfahren c))
- Kontrolle der Einhaltung der Anforderungen insbesondere des Umweltprogramms, aber auch der Funktion des Umweltmanagementsystems (Anhang I, B., 4. Kontrolle a) bis d))
- Untersuchung über Fehlentwicklungen und Installation von Korrekturmaßnahmen (Anhang I, B., 4. Nichteinhaltung und Korrekturmaßnahmen a) bis e))
- Untersuchung und Beurteilung der gegenwärtigen Tätigkeiten auf die lokale Umgebung (Anhang I, D. Gute Managementpraktiken 3.)

### 4.2.1 Verfahren zur Kontrolle der Einhaltung der Umweltpolitik oder Umweltziele und Maßnahmen bei Abweichungen von den Vorgaben (Anhang I, D. Gute Managementpraktiken 6 und 7)

### 4.2.2 Implementierung eines Umwelt-Controlling

Die Einrichtung eines Umweltcontrolling muß mit folgenden Punkten einhergehen bzw. bestimmte Voraussetzungen müssen erfüllt sein:

**Vorgaben der Öko-Audit Verordnung:**

- eine umweltorientierte Unternehmensstrategie, formuliert in einer Umweltpolitik
- ein Umweltmanagementsystem

**Betriebsinterne Systeme:**

- EDV-gestützte Systeme zur Datenerfassung und -bearbeitung

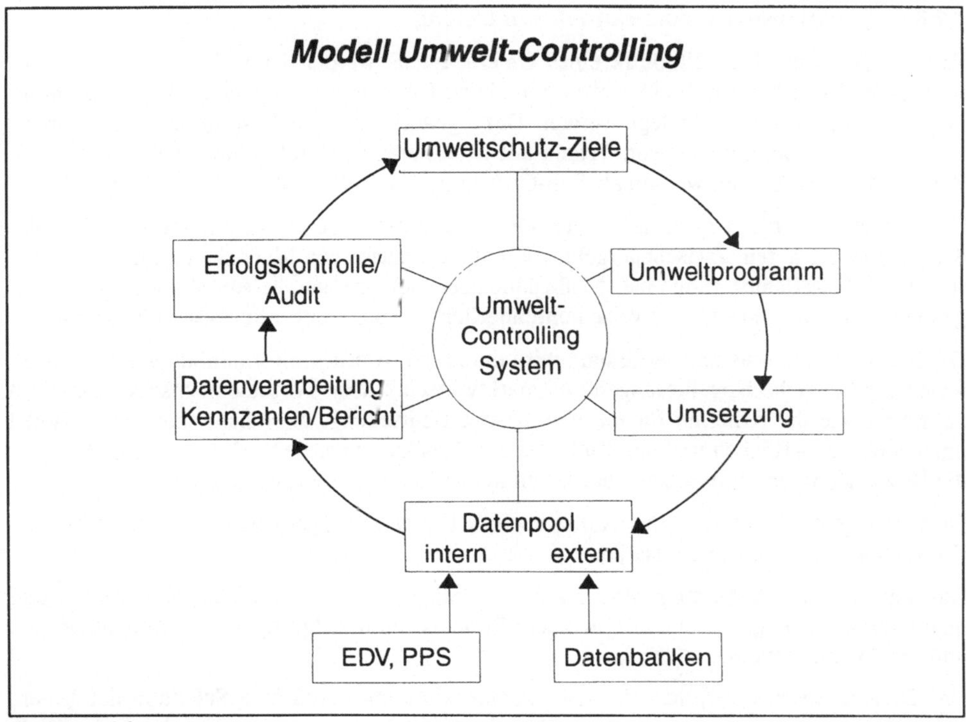


Abbildung 4-3

- PPS-Systeme
- QS-System

Die Teilnahme an dem Umweltmanagement- und Öko-Audit-System der EU bietet sich an, ist aber nicht unabdingbare Voraussetzung für die Einrichtung eines Umwelt-Controlling-Systems.

Mit den genannten Voraussetzungen erfolgt eine Einrichtung folgendermaßen:

- unternehmensinterne Kommunikation über das Vorhaben
- Ermittlung der vorhandenen Daten, Definition der Schnittstellen zur EDV
- Einspeisung neuer Daten (ökologische Beurteilungskriterien) mit Einrichtung der Datenerfassung.

Benennung der zuständigen Mitarbeiter für das Controllingsystem. Als erster Schritt sollte der Datenpool aufgebaut werden, dann folgt der erste Bericht, auf dessen Grundlage dann die Umweltschutzziele beschlossen werden (siehe Abbildung 4-3).

Mit der Definition der Umweltschutzziele kann auch begonnen werden, die Datenerfassung ist dann eine der ersten Maßnahmen des Umweltprogramms. Diese Variante empfiehlt sich aber nur bei ausreichender Kenntnis des umweltrelevanten Betriebsgeschehens, da ansonsten die Gefahr besteht, die Ziele an der Realität vorbei und zu hoch anzusetzen.

### 4.2.3 Funktionsweise eines Umwelt-Controlling

Auf der Basis der Umweltpolitik eines Unternehmens werden Umweltschutzziele formuliert, deren Vorgaben für die Umsetzung in einem Umweltprogramm zeitlich und, wo möglich, auch quantitativ festgelegt werden. Dazu gehört auch die Bestimmung von Verantwortlichen und die Bildung von Teams mit Mitarbeitern der relevanten Abteilungen. Die Ziele und das Programm werden als Soll-Größen im Controllingsystem eingegeben.

Die Umsetzung erfolgt nach den in der Organisationsstruktur für den Umweltbereich niedergelegten Abläufen. Zwischenergebnisse und Abschlüsse von Maßnahmen mit den Änderungen, die die Realisierung einer Maßnahme nach sich gezogen haben, werden in festzulegenden Zeitabständen - idealerweise kontinuierlich - an das Controllingsystem übermittelt.

Die interne Datenbasis und -erfassung wird durch ein externes Informationssystem ergänzt, welches gesetzliche Novellierungen und marktwirtschaftliche Prozesse ebenso systematisch aufnimmt wie die Kriterien für die ökologische Beurteilung, die einem ständigen Wandel unter wissenschaftlichen und gesellschaftlichen Aspekten unterliegt. Die Verantwortung für die Beschaffung und Einspeisung der Daten in das System muß festgelegt werden.

Dies geschieht im Rahmen des Aufbaus eines Umweltmanagementsystems innerhalb der Einrichtung der Aufbauorganisation.

Das Resultat der Verbindung aller Daten, Verknüpfungen in Form von Kennzahlen und qualitativen Stellungnahmen, wird in einem Berichtswesen zielgruppenspezifisch aufbereitet und regelmäßig verteilt.

Das Berichtswesen ermöglicht der Unternehmensführung durch eine Selektion der Daten, sich anhand wesentlicher Kennzahlen über die Umweltsituation, die Einhaltung der Ziele und den Stand der Umsetzung von Maßnahmen zu informieren und bei Bedarf korrigierend einzugreifen. Um Veränderungen der umweltrelevanten Daten die richtige Bedeutung beimessen zu können, müssen Kennzahlen berechnet werden. Beispielsweise kann ein erhöhter Wasserverbrauch im Verwaltungsgebäude, angegeben in Kubikmeter, eine negative Entwicklung vortäuschen, wenn außer acht gelassen wird, daß die Mitarbeiterzahl sich erhöht hat. Die maßgebliche Kennzahl in Kubikmetern pro Mitarbeiter sagt erst die umweltrelevante Wahrheit und kann mit Zahlen anderer Unternehmensbereiche oder nderer Unternehmen verglichen werden.

Dieses Element des Controllingsystems erlaubt außerdem die Entwicklung von Szenarien. So können Datenreihen in die Zukunft extrapoliert oder Daten unter bestimmten, hypothetischen Annahmen manuell verändert und die zukünftigen Auswirkungen am Computer vorhergesehen werden.

Ergänzt wird dieses Kontrollsytem durch das übergeordnete Kontrollsystem, das Öko-Audit, das nach den Anforderungen der EU-Verordnung im Abstand von ein bis drei Jahren durchgeführt wird.

# 5 Vorgehensweise im Betrieb

## 5.1 Die Umweltpolitik

Der Wille der Unternehmensleitung, umweltorientiert zu handeln, alle einschlägigen Gesetze zu beachten und nach der besten verfügbaren Technik zu verfahren, muß im Rahmen der festzulegenden Umweltpolitik fixiert werden. Eine Minimallösung für die Formulierung der Umweltpolitik läßt sich aus den Guten Management Praktiken, die im Anhang der Öko-Audit Verordnung aufgelistet sind, ableiten. Diese für kleine und mittlere Unternehmens praktikable umweltpolitische Zielsetzung sollte, wo immer möglich, durch branchenspezifische und individuelle Richtlinien der Unternehmenspolitik ergänzt werden, die auf eine langfristig nachhaltige Entwicklung Bezug nehmen. Die Umweltpolitik kann als Einstieg in das Verfahren gemäß der Öko-Audit-Verordnung von der Geschäftsleitung verabschiedet werden.

## 5.2 Umweltprüfung

Die Umweltprüfung, die auch als Erst-Audit, IST-Analyse oder Bestandsaufnahme bekannt ist, legt den Grundstein für die weiteren Schritte der Öko-Audit-Verordnung (siehe Abbildung 5-1). Dementsprechend muß bei der Durchführung im Verhältnis zu den anderen Punkten der Umsetzung der Öko-Audit-Verordnung mit hohem Zeit- und auch Personalaufwand gerechnet werden. Die Umweltprüfung betrifft alle Bereiche des Unternehmens und erfaßt hauptsächlich die in Abbildung 5-2 genannten umweltrelevanten Aspekte. Der generelle Ablauf wird im folgenden erläutert:

### 5.2.1 Zielsetzung

Im Rechtsbereich gilt es, latente Haftungsrisiken zu beurteilen und die Rechtskonformität im Sektor Umweltschutz zu prüfen. Im Ergebnis werden Verbesserungspotentiale zur Risikominimierung verbunden mit einer Reduktion von Versicherungskosten und erleichterter Kapitalbeschaffung zu erwarten sein.

Die Prüfung des Umweltmanagementsystems führt - sofern es überhaupt vorhanden ist - zu einem Stärken-/Schwächenprofil, einer Verbesserung der Transparenz und einer Steigerung der Effektivität des Systems. In der Konsequenz wird der Handlungsbedarf zur Zertifizierung deutlich.

Die technisch-organisatorische Analyse zielt darauf ab, Auskunft über den Ressourceneinsatz, das Energiemanagement, Abfallwirtschaftskonzepte, Umweltbelange in den Produktionsverfahren und über die Störfallorganisation und Ausbildung zu geben.

Die Schwachstellenanalyse dient der Priorisierung der identifizierten Schwachstellen und einer Quantifizierung der Verbesserungspotentiale., das heißt, der Aufwand an Personal und Kosten, gleichermaßen der Nutzen, werden entscheidungsreif aufgearbeitet.

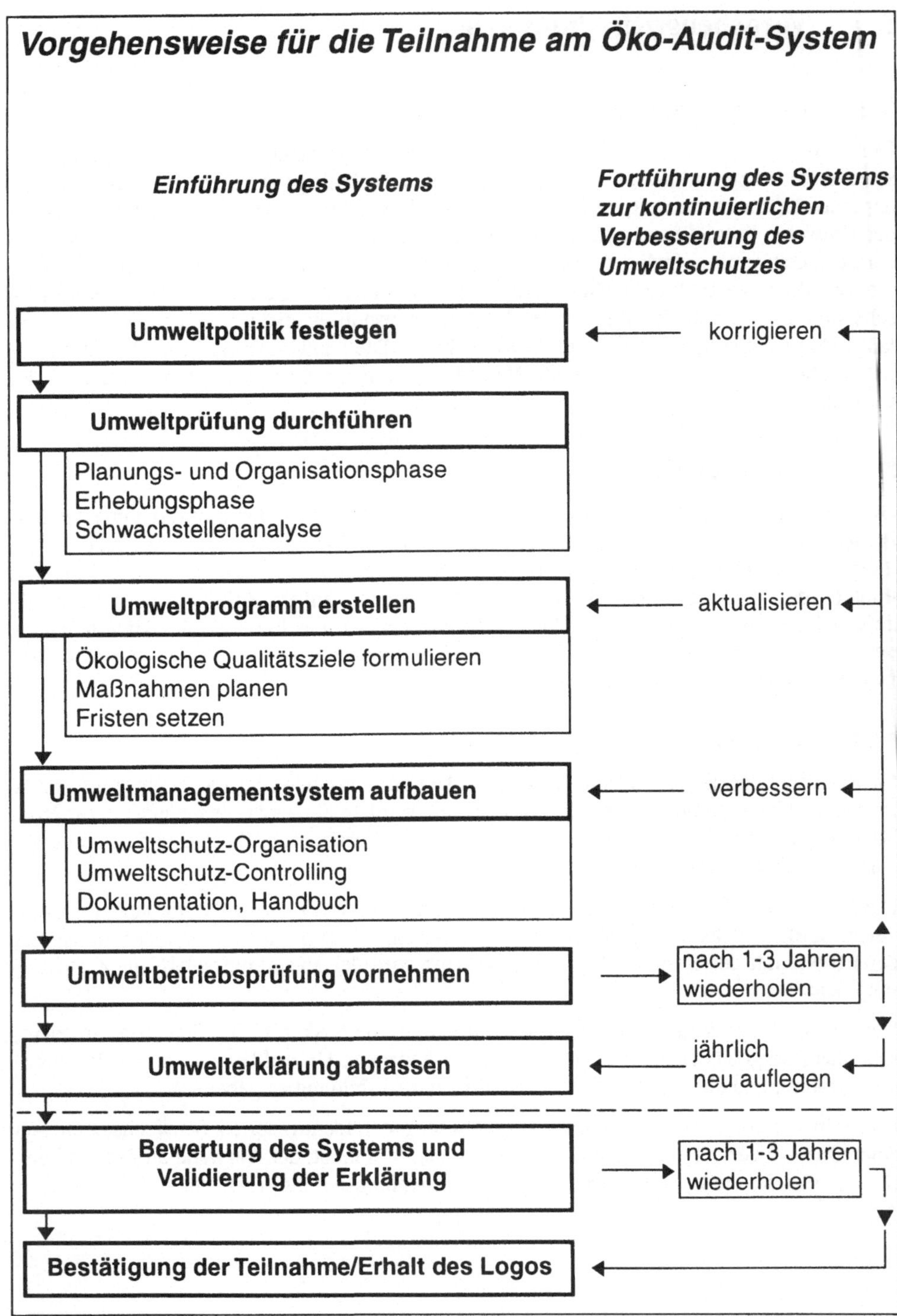


Abbildung 5-1

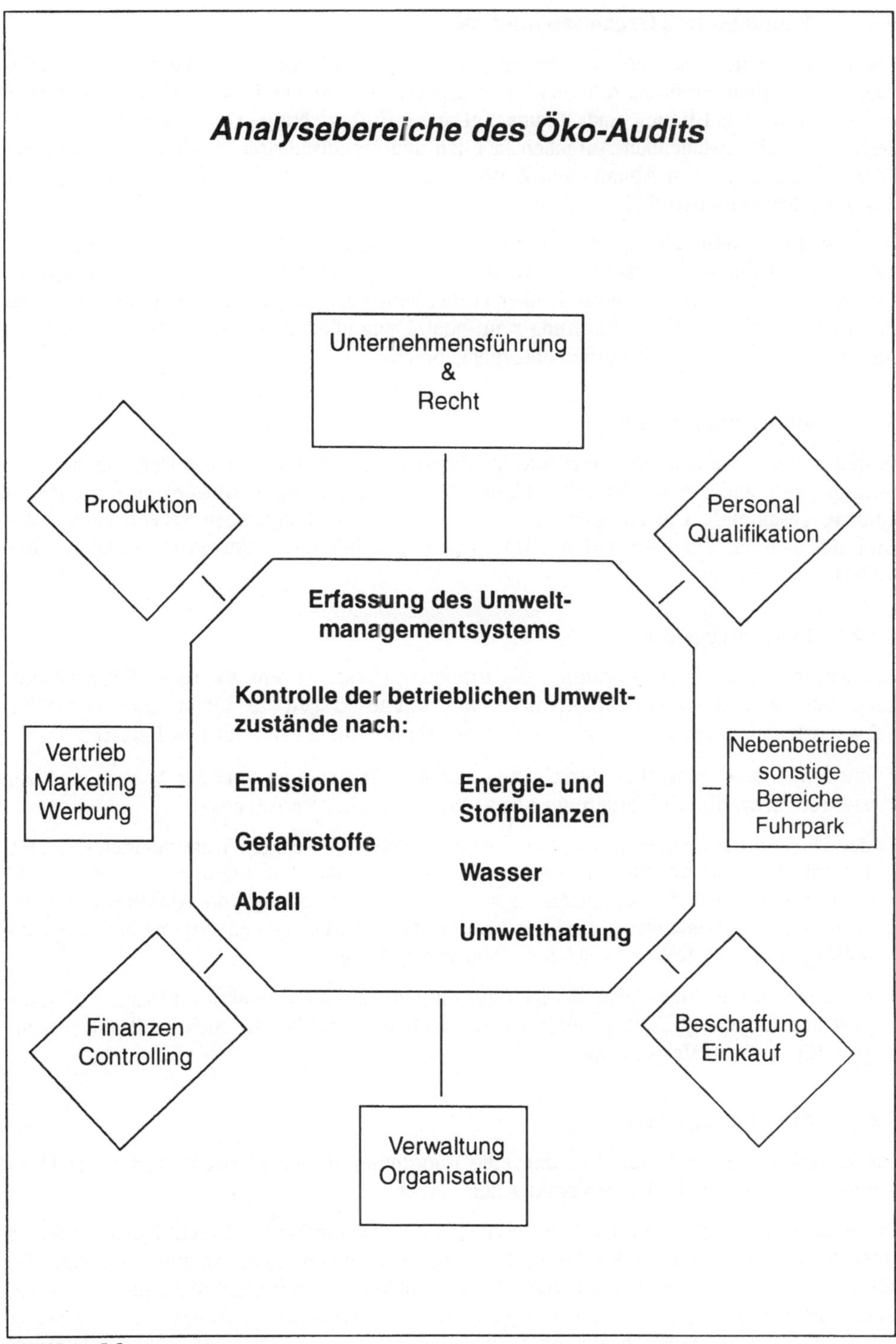


Abbildung 5-2

### 5.2.2 Planungs- und Organisationsphase

Um einen reibungslosen und effizienten Ablauf der Erhebungsphase sicherzustellen, wird zuerst in der Planungsphase festgelegt, was geprüft wird, welche Mitarbeiter involviert sind und wer prüft. Die Bildung eines Teams, ggf. unter Einbeziehung externer Berater, ist unerläßlich, um die anstehenden Aufgaben fachlich und organisatorisch bewältigen zu können. Dieses Team legt einen Ablauf- und Zeitplan für die Umweltprüfung fest und zeichnet für das Vorgehen verantwortlich.

In dieser Phase sollte ein Aspekt beachtet werden, der für das Gelingen des gesamten Vorhabens entscheidend sein kann: Die Mitarbeiter müssen von Beginn an über das Projekt informiert sein und dürfen keinesfalls über Dritte, zum Beispiel aus der Presse, erfahren, daß in ihrem Betrieb eine Umweltprüfung stattfindet. Denn allen Beteiligten werden dann Mißtrauen und Widerstände im Betrieb entgegengebracht.

### 5.2.3 Informationsphase

In dieser Phase werden zum einen die involvierten Mitarbeiter über die Detailplanung informiert, zum anderen werden alle Dokumente, die für Umweltauswirkungen relevant sein können, gesammelt. Die Ausgabe und Beantwortung von Fragebögen vervollständigt das Bild, das sich das Team anhand von Unterlagen hinsichtlich des Umweltzustandes des Betriebes machen kann.

### 5.2.4 Erhebungsphase

Das Kernstück der Umweltprüfung, die Erhebungsphase, besteht aus einer Betriebsbegehung und Interviews mit Mitarbeitern, um offene Fragen zu klären und versteckte Schwachstellen zu entdecken. Die Bestandsaufnahme erstreckt sich auf drei Bereiche:

- die Einhaltung rechtlicher Vorschriften, deren Dokumentation und der Vorbeugung vor zivilrechlichen Regressforderungen bzw. strafrechtlicher Verfolgung.
- das Umweltmanagementsystem bzw., da ein solches in wenigen Unternehmen existiert, Organisationsformen mit Umweltrelevanz, zu denen die Anforderungen des BImSchG ebenso zählen wie Sicherheitsmanagement und die Bestellung von Abfallbeauftragten. In diesem Zusammenhang wird der Einfluß des QS-Managementsystems auf den Umweltschutz erfaßt, falls ein solches System vorhanden ist.
- die Technik mit ihren Auswirkungen auf die Umwelt aus Produktionsprozessen, Transport und Lagerung. Dazu gehören so verschiedene Bereiche wie Sicherheitsanforderungen, Einkauf und Verpackung.

### 5.2.5 Auswertungsphase

Die Aufarbeitung der Materialien und eine Zuordnung zu den Umweltkriterien der Öko-Audit-Verordnung schließen den praktischen Teil ab.

Die Analyse der rechtlichen Risiken beinhaltet eine Beurteilung des rechtlichen Umfeldes unter den Aspekten Gesetzeskonformität, künftige Umweltgesetzgebung und zuständige Behörden. Ferner erfolgt eine Beurteilung der Unternehmensposition auf strategische Risiken, anhängige Verfahren, den Versicherungsschutz und bestehende Haftungsrisiken in bezug auf das Gesamtunternehmen, die Anlagen, Lieferanten und Mitarbeiter. Abschließend gehört die rechtliche Analyse der ökologischen Zielgrößen im Unternehmen zu diesem Abschnitt der Umweltprüfung.

Das Umweltmanagementsystem bzw. die für die Einrichtung eines solchen vorhandenen Strukturen werden unter folgenden Aspekten analysiert:

Umweltpolitik, Umweltziele, Umweltprogramm, Verantwortung und Befugnisse, Delegation derselben von seiten der Managementvertreter, Aufbau- und Ablauforganisation, Controlling und Reporting, Dokumentation sowie interne und externe Komunikation.

Im technischen Bereich stützt sich die Analyse weitgehend auf die klassischen Felder des betrieblichen Umweltschutzes. Dazu gehören der Ressourceneinsatz von Rohstoffen, Energie, Wasser, Luft, Boden; der Umgang mit Abfällen und Sonderabfällen; Auswirkungen von Störfällen und Arbeitsschutz sowie die Störfallorganisation. Hinzu kommen noch die Produktplanung, Umweltschutz bei Subunternehmern und Lieferanten und die umweltbezogene Information und Ausbildung des Personals.

### 5.2.6 Schwachstellenanalyse und Maßnahmenplanung

Eine Zusammenführung der Analysen der drei Bereiche Recht, Management und Technik bildet die Basis für eine systematische Aufarbeitung der Gesamtsituation unter den Gesichtspunkten: Reduktion der Umweltbelastung, der Gesamtkosten sowie der unternehmerischen Risiken und Verbesserung der Marktposition.

Anschließend werden die Verbesserungspotentialen nach Prioritäten gewichtet und Lösungen vorgeschlagen, die als Maßnahmen in das Umweltprogramm nach der Verabschiedung durch die Unternehmensführung übernommen werden können.

Das Aufzeigen ökologischer Schwachstellen, deren Bewertung und Vorschläge für eine Verbesserung der Situation führt also direkt zum nächsten Schritt der Öko-Audit-Verordnung, dem Umweltprogramm.

### 5.2.7 Umweltprogramm

Entsprach die Umweltpolitik zu Beginn des Öko-Audit-Verfahrens mehr einem Wunschdenken als einer realistischen Einschätzung der Möglichkeiten des Unternehmens, so besteht nach der in Kapitel 5.2 beschriebenen Umweltprüfung die Gelegenheit, die Ziele der Umweltpolitik der Realität anzupassen.

Die Aufstellung des Umweltprogramms muß sorgfältig erarbeitet und diskutiert werden, denn hierin werden die Aufgaben für die Zeit bis zur nächsten Umweltbetriebsprüfung, aber auch langfristige Projekte festgeschrieben. Zu den Inhalten des Programms gehören: die Zielsetzung, die Maßnahme, die Verantwortlichen und Ausführenden, die benötigten finanziellen Mittel und der Zeitrahmen. Diese Punkte werden für jeden Bereich formuliert, in dem eine Verbesserung des Umweltschutzniveaus erreicht werden soll.

### *Umweltmanagementsysteme*

Das Umweltmanagementsystem wird so ausgestattet, angewandt und aufrechterhalten, daß es die Erfüllungen der nachstehend definierten Anforderungen gewährleistet.

1. **Umweltpolitik, -ziele und -programme**

2. **Organisation und Personal**
   Verantwortung und Befugnisse
   Managementvertreter
   Personal, Kommunikation und Ausbildung

3. **Auswirkungen auf die Umwelt**
   Bewertung und Registrierung der Auswirkungen auf die Umwelt

4. **Aufbau- und Ablaufkontrolle**
   Festlegung von Aufbau- und Ablaufverfahren
   Kontrolle
   Nichteinhaltung und Korrekturmaßnahmen

5. **Umweltmanagement-Dokumentation**

6. **Umweltbetriebsprüfungen**

Abbildung 5-3

## 5.3 Umweltmanagement

Die Öko-Audit-Verordnung schreibt die Pflichten des Managements im Anhang vor (siehe Abbildung 5-3). Um diesen Anforderungskatalog erfüllen zu können, muß eine entsprechende Struktur aufgebaut werden, die den personellen Aufbau und die Abläufe umweltrelevanter Aufgaben und Arbeiten beinhaltet. Kernpunkte sind erstens die Delegation von Aufgaben und die Erzielung von Kompetenz der verantwortlichen Personen sowie die Schulung und Motivation aller Mitarbeiter und zweitens die Einrichtung wirksamer Kontrollverfahren.

### 5.3.1 Umwelterklärung

Die Umwelterklärung dient einerseits dem zugelassenen Umweltgutachter als schriftliche Grundlage zur Überprüfung des Unternehmens als Voraussetzung zur Zertifizierung. Andererseits löst die Umwelterklärung bei zertifizierten Unternehmen den Umweltbericht ab - mit Vorgaben in der Öko-Audit-Verordnung, die erstmals einen Rahmen für die Inhalte festlegen und damit zu einer Standardisierung des Umweltberichtwesens führen werden. Da in der öffentlichen Umwelterklärung auch das Umweltprogramm beschrieben werden muß, in dem sich das Unternehmen verpflichtet, Maßnahmen zum Schutz der Umwelt durchzuführen, sollte dieser Bericht sorgfältig und nach Abstimmung mit allen beteiligten Mitarbeiter geschrieben werden. Eine ausführliche interne Diskussion fördert die Identifiaktion der

Mitarbeiter mit den Aussagen der Erklärung und beugt möglichen Schäden durch Mißverhältnisse zwischen Anspruch und Realität im Betrieb vor.

## 5.4 Überprüfung des Umweltmanagement-Systems und der Umwelterklärung

Um das offizielle EU-Zertifikat für die Teilnahme an dem in der Öko-Audit-Verordnung beschriebenen System zu erhalten, prüft ein zugelassener Umweltgutachter die Übereinstimmung aller umweltbezogenen Vorgänge im Unternehmen mit den Vorschriften der Verordnung und vergleicht die Aussagen der Umwelterklärung mit seinen Befunden auf deren Wahrheitsgehalt. Was von dem Umweltgutachter geprüft wird und wie das Verfahren der Verifzierung ablaufen kann, beschreibt Abbildung 5-4. Bescheinigt der Umweltgutachter die Gültigkeit der Umwelterklärung, steht der Erteilung des Logos nichts mehr im Wege. Die erforderliche Registrierung ist ein reiner Verwaltungsakt.

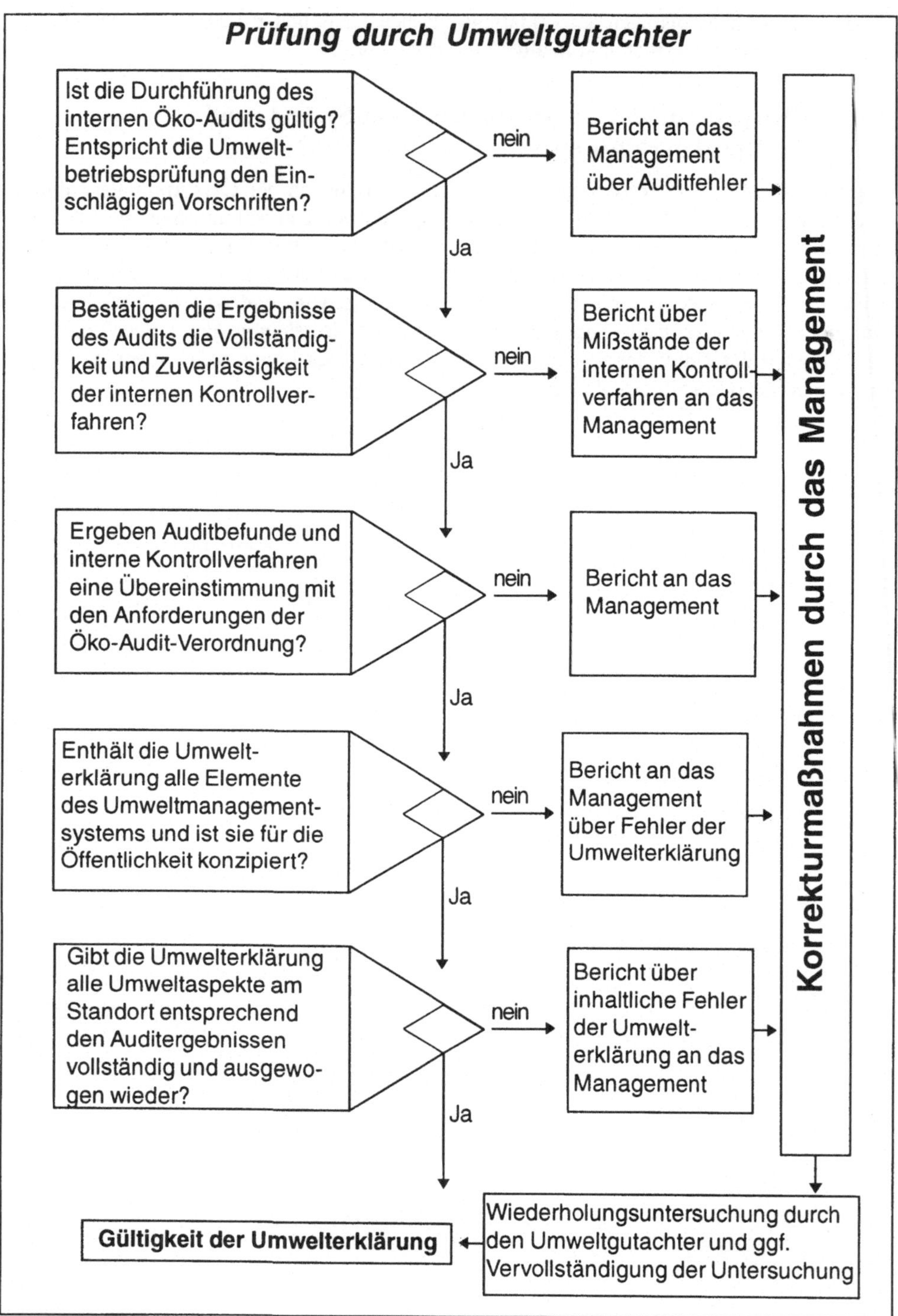


Abbildung 5-4

# 6 Motivation und Qualifizierung der Mitarbeiter

## 6.1 Motivation der Mitarbeiter

Das Ziel der EU-Öko-Audit-Verordnung ist die Einführung von Umweltmanagementsystemen und die kontinuierliche Verbesserung des betrieblichen Umweltschutzes. Sieht man einmal von rein technischen Maßnahmen ab, so wird der Erfolg und die Wirksamkeit des Umweltschutzes in Unternehmen vorrangig von organisatorischen und personellen Voraussetzungen bestimmt. Die betriebliche Umweltorganisation muß daher zweckmäßig und effizient gestaltet sein, damit Umweltinnovationen eine Chance haben und auch alle Mitarbeiter aktiv an der Verwirklichung der Umweltziele mitarbeiten können. Dies ist eine Grundvoraussetzung für Leistung und Motivation der Mitarbeiter zur Erfüllung ihrer Aufgaben im betrieblichen Umweltschutz bzw. bei der erstmaligen Umsetzung eines Öko-Audits. Um das Engagement motivational aller Mitarbeiter sicherzustellen, ist hier eine möglichst starke Einbeziehung der gesamten Organisation anzustreben. Darüber hinaus hängt Motivation von vielerlei Einflußfaktoren ab, die nicht unabhängig voneinander sind, sondern sich wechselseitig beeinflussen. Die wichtigsten sind (nach L. v. Rosenstiel):

a) die persönliche Qualifikation (Fähigkeiten und Fertigkeiten),

b) das individuelle Wollen (Motivation),

c) das soziale Dürfen (Normen, Vorschriften, Regelungen),

d) die situative Ermöglichung (hindernde und fördernde Umstände).

Welche Schlußfolgerungen lassen sich daraus für die Umsetzung eines Öko-Audits ziehen?

Die meisten Unternehmen haben keine Erfahrungen, wie das Erst-Audit sinnvollerweise durchzuführen ist. Sie sind dabei auf externe Hilfe (Berater) angewiesen. Mit dem Erst-Audit wird der Grundstein für eine langfristige ökologische Entwicklung im Unternehmen eingeleitet, und daher ist es hier besonders wichtig, von Anfang an den Faktor Motivation zu berücksichtigen. Zunächst sollte die Unternehmensleitung von einem Öko-Audit überzeugt sein und dieses nicht als bloßen Marketingfaktor ansehen. Weiterhin sollte das gesamte Management überzeugt und motiviert werden, damit mögliche Blockaden von vornherein ausgeschaltet werden. Die Umweltverantwortlichen (Umweltgeschäftsführer, Umweltbeauftragte) sind in der Regel die Kräfte, die die Umsetzung eines Öko-Audits vorantreiben. Wenn bei einem Erst-Audit externe Berater hinzugezogen werden, muß auf jeden Fall verhindert werden, daß die eigene Umweltabteilung sich in ihrer Kompetenz übergangen fühlt. Sie muß kooperativ in das Projekt einbezogen werden. Es muß verständlich werden, daß das betriebsinterne Know-how nicht in Frage gestellt wird, sondern durch das Methodenwissen des externen Beraters ergänzt wird. Der offizielle Startschuß für ein Erst-Audit sollte erst gegeben werden, wenn die genannten Voraussetzungen erfüllt sind. Dann beginnt die wichtige Phase der Mitarbeitermotivation. Das heißt konkret, daß zunächst alle Mitarbeiter des Unternehmens über das geplante Vorhaben informiert werden, am besten durch einen Aushang an den Informationstafeln des Betriebes. Dabei empfiehlt es sich folgendermaßen vorzugehen:

- Kurze Erläuterung der EU-Verordnung;
- Motivation zur Umsetzung dieser Verordnung im Unternehmen;
- Sinn und Zweck des Öko-Audits für das Unternehmen;
- Hinweise, welche Ziele erreicht werden sollen;
- grober Ablauf des Öko-Audits;
- Informationen, welche Mitarbeiter schwerpunktmäßig eingebunden werden sollen;
- Nennung von Unternehmen, die Öko-Audits mit Erfolg durchgeführt haben;
- aufzeigen, daß ein aktives Engagement der Mitarbeiter für den langfristigen Erfolg notwendig ist und dem Unternehmen nutzt.

| Projektphase | Motivationsmaßnahmen |
|---|---|
| Informationsphase | Aufklärung der Führungsmanschaft über den Nutzen eines Öko-Audits für den Betrieb, Informationsaushang für alle Mitarbeiter an den Informationstafeln des Unternehmens mit Aufklärung über Sinn und Zweck des Audits sowie Aufruf zur aktiven Mitarbeit, Umweltschutz im Betrieb zur wichtigen Zukunftsaufgabe erklären, Brainstorming über Zielsetzung des Audits für den Betrieb mit den Beteiligten in der Eröffnungssitzung, Bildung eines gemischten Auditteams (qualifizierte interne Mitarbeiter/externe Berater) |
| Erhebungsphase | Betrieb in Datenerhebung mit einbeziehen, d. h. die wesentlichen Stofflußdaten sollten interne Mitarbeiter erheben, Interviews rechtzeitig vorher ankündigen, eine angenehme Interviewatmosphäre herstelllen, Mitarbeiter gezielt nach Verbesserungsmaßnahmen fragen |
| Auswertungsphase | IST-Zustandsbericht von wichtigen Personen im Unternehmen lesen lassen und um Korrekturen bitten |
| Schwachstellenermittlung | potentielle Schwachstellen mit Beteiligten offen diskutieren, ggf. Maßnahmenkatalog gemeinsam erarbeiten (Projektteam, betroffene Abteilungen) |
| Umsetzung von Maßnahmen | Maßnahmen gemeinsam mit Betroffenen umsetzen |
| Entwicklung Umweltpolitik | Mitarbeiter über Entwurf der Umweltpolitik informieren (Informationstafeln), möglichst viele Mitarbeiter in weiteren Entwicklungsprozeß einbeziehen (evt. moderierte Arbeitsgruppen bilden) und um Anmerkungen/Verbesserungen bitten |
| Aufbau Umwelt-managementsystem | gemeinsame Implementierung Berater/Betroffene |

Abbildung 6-1

Auf jeden Fall muß den Mitarbeitern schon im Vorfeld die Angst genommen werden. Denn es geht nicht darum, Umweltsünden der Vergangenheit an den Pranger zu stellen oder einzelne Personen im Unternehmen bloßzustellen, sondern das Thema Umweltschutz soll systematisch aufbereitet und verbessert werden. In der Abbildung 6-1 sind einige Hinweise zur Motivation der Beteiligten in den einzelnen Projektphasen aufgelistet.

## 6.2 Qualifizierung der Mitarbeiter

Was die Qualifizierung der Mitarbeiter bei der Umsetzung eines Öko-Audits und der daraus folgenden Maßnahmen angeht, ist zunächst folgende Unterscheidung zu treffen:

1. Qualifizierung des Managements;
2. Qualifizierung der Mitarbeiter, die bei der Umsetzung eines Öko-Audits eingebunden sind;
3. Qualifizierung der Mitarbeiter, die das Umweltprogramm im Tagesgeschäft umsetzen müssen;
4. Qualifizierung der internen Auditoren.

Das Management sollte über grundlegende Kenntnisse und Möglichkeiten des betrieblichen Umweltmanagments, Technikeinsatz im Umweltschutz, Umweltrecht, Abfallwirtschaft, Wasser-/Abwassermanagement, Immissionsschutz und Vorgehensweisen/Methoden der Öko-Auditierung verfügen. Dieses Know-how wird in speziellen Führungskräfteseminaren vermittelt.

Die Qualifizierung der Mitarbeiter, die in ein Öko-Audit eingebunden sind bzw. das Umweltprogramm im Tagesgeschäft umsetzen müssen, ist bedarfsorientiert vorzunehmen. Grundlagenwissen über betriebliches Umweltmanagement sowie Vorgehensweisen/Methoden der Öko-Auditierung sollte auf jeden Fall vorhanden sein. Für Maßnahmen aus dem Umweltprogramm sind für die betroffenen Mitarbeiter ggf. Fachseminare durchzuführen, damit hier genügend Know-how vorhanden ist, weitere Verbesserungsmaßnahmen zu erkennen. Beispielsweise wären bei Maßnahmen im Bereich Wasser-/Abwassermanagement Kenntnisse über die Lagerung und den Umgang mit wassergefährdenden Stoffen, Wasserverbrauchs- und Abwasserminimierungstechniken, Behandlungsverfahren betrieblicher Abwässer sowie Kenntnisse über das Wasserhaushaltsgesetz notwendig.

Der höchste Anspruch ist an die Qualifikation der internen Auditoren zu stellen. Diese orientiert sich an den Vorgaben der DIN ISO 10011, Teil 2 sowie nach den Regelungen für Immissionsschutzbeauftragte nach der novellierten 5. BImSchV und ggf. an unternehmensinternen Standards, falls vorhanden. Die internen Auditoren sollten einen Hochschulabschluß oder langjährige Betriebserfahrung nachweisen können und bereits über praktische Kenntnisse über die zu auditierenden Bereiche und technischen Anlagen verfügen. Sie müssen im Betrieb anerkannt sein und über ein hohes Maß an Einfühlungsvermögen, Flexiblität und Durchsetzungs-vermögen verfügen. Bei der Durchführung eines Erst-Audits zusammen mit externen Beratern können hier im Team auch entsprechende Know-how-Defizite erkannt und gezielt behoben werden. Fachlich gesehen sind folgende Kenntnisse für die internen Auditoren unumgänglich:

**Methoden und Techniken zur Umsetzung von Öko-Audits**

- Gesprächs- und Fragetechniken
- Aufbau/Anwendung von Checklisten und Fragebögen
- Auditplanung und Projektmanagement
- Zertifizierungspraxis

**Betriebliches Umweltmanagement**

- UM-Systeme, Nutzen, Aufbau, Implementierung
- UM-Systeme nach der Öko-Audit-Verordnung
- Normung von UM-Systemen
- Erstellung der Dokumentation/Umwelthandbücher
- Integration/Parallelitäten Qualitätssicherungssysteme nach ISO 9000 ff.
- Umweltprüfung nach der Öko-Audit-Verordnung (Vorgehensweise, Enwicklung Umweltpolitken, Umweltprogramme, Umwelterklärung)
- Motivation/Ausbildung von Mitarbeitern

**Umweltmanagement und Qualitätssicherungssysteme**

- Qualitätssicherung und Qualitätshandbücher
- Grundlagen ISO 9000 ff.
- Zertifizierung und Akkreditierungssysteme in der EU, EN 45000 ff.
- Gute Managementpraktiken
- Umweltmanagement in Anlehnung an ISO 9000 ff.
- Kenntnisse ISO 10011 Teil 1-3
- Qualitätssicherung und EU-Recht

**Umweltrecht (national und EU-Umweltrecht)**

- Grundlagen
- Immissionsschutz (Lärm, Luft, Erschütterungen, Gerüche)
- Gewässerschutz
- Abfallrecht (Kreislaufwirtschaftsgesetz)
- Chemikaliengesetze
- Naturschutzgesetze

**Technikeinsatz im betrieblichen Umweltschutz**

- Energieerzeugung, Energieverbrauch und Energieeinsparung
- Energiemanagement
- Reststoff- und Abfallwirschaft

- Verwertungs-/Recyclingverfahren
- Abfallbehandlung
- Entsorgung
- Abfallwirtschaftskonzepte
- Wasser-/Abwassermanagement
- Wassereinsparung
- Gewässerschutz
- Altlastensanierung/Bodenschutz
- Immissionsschutztechniken
- Lärmmessung, -vermeidung, -verminderung
- Minderung von Luftschadstoffen und Gerüchen
- Methodik der Umweltverträglichkeitsprüfung

Zur Zeit sind hier verschiedene Ausbildungsprogramme für Auditoren in Entwicklung oder werden bereits angeboten.

# 7 Öffentlichkeitsarbeit

Für die Information im Umweltbereich ist der neue Begriff Umweltkommunikation entstanden. Doch was darunter verstanden wird, ist nicht unbedingt eine neue Art der Kommunikation, sondern alte Instrumente lediglich neu verpackt. Aber Öko-PR, Störfall- oder Risiko-Kommunikation haben andere Gesetzmäßigkeiten, und es bedarf deshalb hier auch einer anderen Vorgehensweise. Prinzipiell läßt sich festhalten, daß die Zielsetzung von Umweltkommunikation ein Dialog mit allen Anspruchsgruppen sein sollte, der eine Gefahrenabwehr ermöglicht und ein Feed-Back von den angesprochenen Gruppen auslöst.

## 7.1 Zielsetzungen und Zielgruppen der Öffentlichkeitsarbeit im Rahmen der Öko-Audit-Verordnung der EU

Die Öko-Audit-Verordnung der EU schreibt unter Artikel 5 eine Umwelterklärung für die Unternehmensstandorte vor, die sich an der Umweltprüfung beteiligen. Diese Umwelterklärung ist für die Öffentlichkeit zu verfassen und soll die wichtigsten umweltrelevanten Informationen darstellen. Die einzelnen zu berücksichtigenden Vorgaben sind:

Artikel 5: Umwelterklärung, Absatz (3)

a) eine Beschreibung der Tätigkeiten des Unternehmens an dem betreffenden Standort;

b) eine Beurteilung aller wichtigen Umweltfragen im Zusammenhang mit den betreffenden Tätigkeiten;

c) eine Zusammenfassung der Zahlenangaben über Schadstoffemissionen, Abfallaufkommen, Rohstoff-, Energie- und Wasserverbrauch und gegebenenfalls über Lärm und andere bedeutsame umweltrelevante Aspekte, soweit angemessen;

d) sonstige Faktoren, die den betrieblichen Umweltschutz betreffen;

e) eine Darstellung der Umweltpolitik, des Umweltprogramms und des Umweltmanagementsystems des Unternehmens für den betreffenden Standort;

f) den Termin für die Vorlage der nächsten Umwelterklärung;

g) den Namen des zugelassenen Umweltgutachters.

Diese Umwelterklärung, die einem konkretisierten Umweltbericht nahekommt, soll es den verschiedenen Anspruchsgruppen ermöglichen, festzustellen, inwieweit Vor- bzw. Nachteile von dem geprüften Standort ausgehen und vor allen Dingen wird die Information erwartet, wie sich die Umweltauswirkungen bis zur nächsten Umweltbetriebsprüfung vermindern sollen.

Eine Umwelterklärung ist also der erste Schritt zum Eintritt in den Dialog mit den für das Unternehmen wichtigen Beteiligten. Für jede Anspruchsgruppe kommt es zur unterschiedlichen Bewertung einer Umwelterklärung, weil differenzierte Ansprüche bestehen. So wird eine Bank die Umwelterklärung anders lesen und bewerten als ein Lieferant oder der Branchenwettbewerb. Aber auch für das Unternehmen sollten differenzierte Zielsetzungen festgelegt sein, um die eigenen Ziele, die mit der Umwelterklärung erreicht werden können und sollen, auch definitiv umzusetzen (Abbildung 7-1).

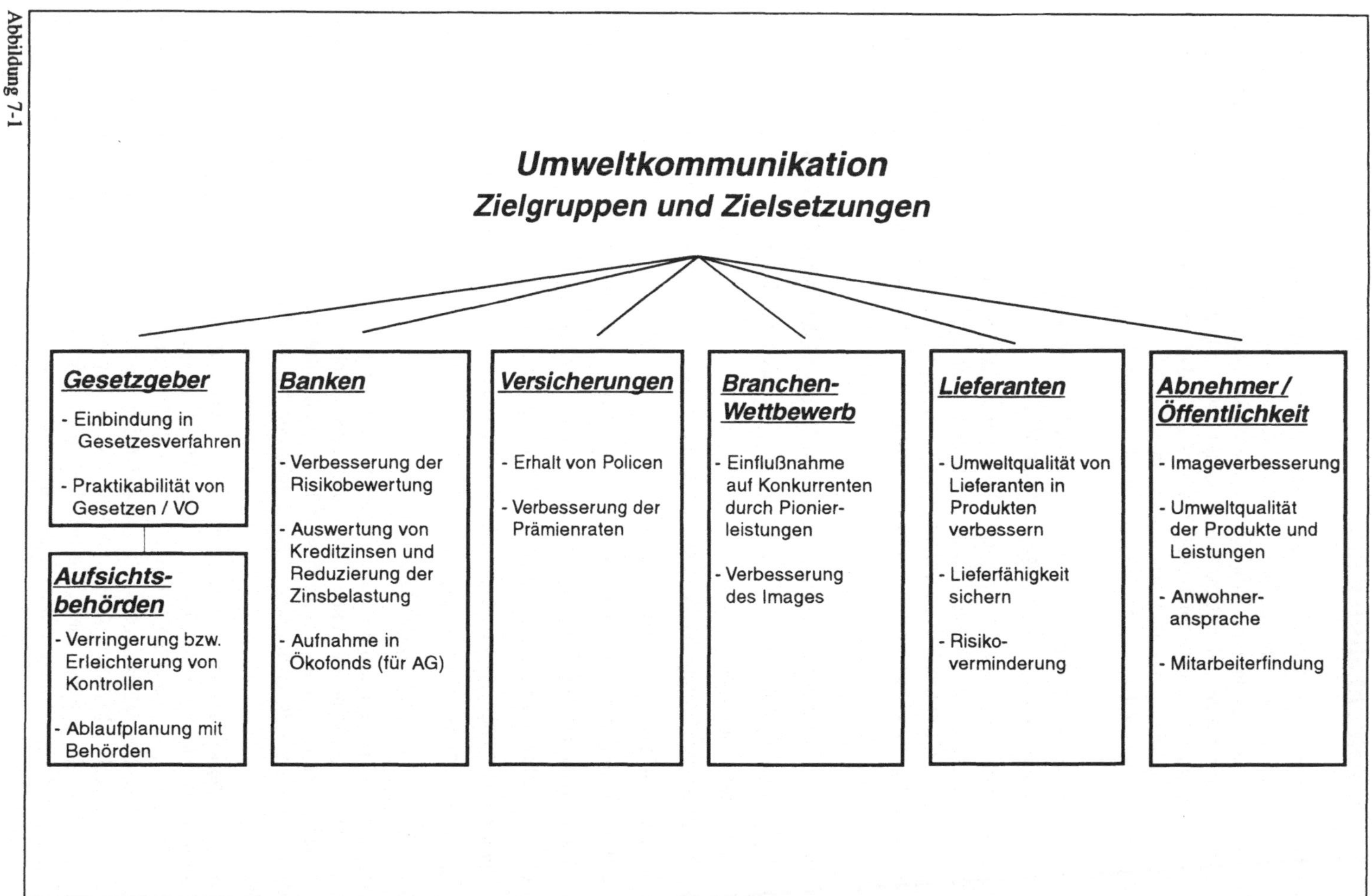


Abbildung 7-1

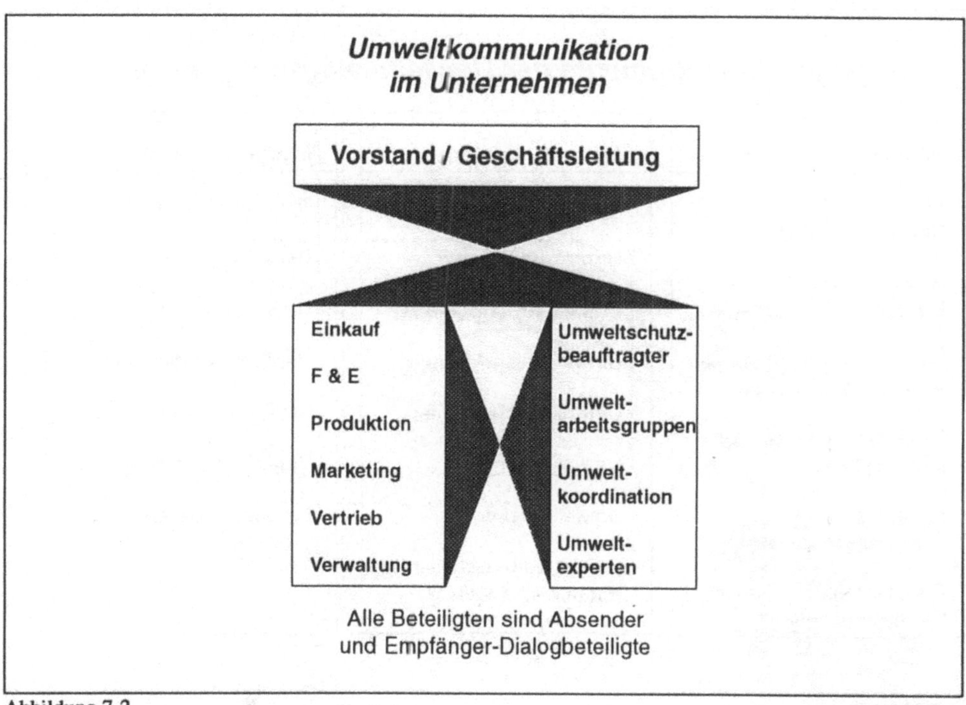


Abbildung 7-2

Über die externe Kommunikation hinaus ist der interne Dialog von größter Wichtigkeit, denn mit einem funktionierenden Kommunikationssystem wird das Risiko von Umweltstörfällen im Unternehmen erheblich verringert und die Motivation der Mitarbeiter für das Umweltengagement des Unternehmens erreicht. Das Miteinander-Reden, das Miteinander-Lernen und die gemeinsame Umsetzung von Umweltzielen macht die ökologische Optimierung im Unternehmen erst möglich. Dazu ist es notwendig, daß alle Akteure im Unternehmen zu Wort kommen und gehört werden. Grundlage für eine innerbetriebliche Umweltkommunikation ist deshalb ein funktionierendes Umwelt-Informationssystem, welches parallel zur Durchführung des Öko-Audits implementiert werden kann (Abbildung 7-2).

## 7.2 Instrumente der Öffentlichkeitsarbeit

Unter der Prämisse, daß Umweltkommunikation offen und wahrhaftig sein muß, aber auch zum Dialog anregen soll, sind die Instrumente primär unter diesen Gesichtspunkten zu bewerten. Hierbei muß natürlich nach interner und externer Kommunikation unterschieden werden.

Umweltkommunikation setzt im Unternehmen eine hierfür geeignete Struktur voraus. Ein Umweltschutz-Beauftragter, der in die allgemeine Kommunikation eingebunden wird, kann sehr schnell umweltrelevante Informationen, die vom Unternehmen abgesendet bzw. beim Unternehmen eingehen, bewerten und beeinflussen. Des weiteren werden sich die verschiedenen Umwelt-Arbeitsgruppen in die Kommunikationsarbeit einbinden lassen, so daß abgestimmte, dem Interesse des Unternehmens folgende Aussagen getroffen werden können. Als Grundvoraussetzung für eine solche Umweltkommunikation dienen Umwelt-Leitlinien, die die Umweltphilosophie für das Kommunikationsverhalten des Unternehmens festlegen. Letztendlich müssen in allen Kommunikationsbereichen von der Mitarbeiter-Information bis

| Struktur | Instrumente intern | Instrumente extern |
|---|---|---|
| Einsatz eines Umweltgeschäftes | Umwelt-Leitlinien | Tag der offenen Tür |
| Benennung eines Umweltschutzbeauftragten | Umwelt-Seminare | Umweltbericht |
| Konstitution eines Umweltleitungsausschusses | Umwelt-Vorschlagswesen | Umwelttelefon |
| Eingebung von Umweltarbeitskreisen | Umwelt-Veranstaltungen | Umweltproduktleistungen |
| Formulierung von Einkaufsbedingungen | Umwelt-Wettbewerbe | Umweltsponsoring |
| Erstellung von Designvorgaben | Umwelt-Information | Umweltveranstaltungen |
| | Umwelt-Telefon | Umweltgesprächskreise |
| | Umwelt-Verbrauchsbericht (Energie/Wasser/usw.) | |

**Struktur und Instrumente der Umweltdialogkommunikation**

Abbildung 7-3

hin zur Produktwerbung umweltrelevante Aspekte zum Tragen kommen. Der Nutzen Umwelt ist zumindest als Zusatznutzen jeweils aktuell darzustellen.

Bisher werden Dialogansätze in der Kommunikation nur in Teilsegmenten genutzt. Als Absender von Informationen erhalten Unternehmen deshalb nur schwache direkte Signale vom Empfänger. In der Umweltkommunikation ist aber gerade das Feedback, das Miteinander-Reden und die hierdurch veranlaßte Veränderung wesentlicher Bestandteil der Kommunikationszielsetzung.

Wenn Umweltdialogkommunikation erfolgreich wirken soll, sind sowohl Strukturen als auch Kommunikationsmittel hierfür einzurichten. In allen Unternehmensbereichen muß die Dialogfähigkeit geschaffen werden, um dann mit glaubhaften, vom Unternehmen getragenen Informationen an die verschiedenen externen Zielgruppen gehen zu können (Struktur und Kommunikationsmedien, siehe Abbildung 7-3).

## 7.3 Von der Umwelterklärung zur offensiven Informationspolitik

Die nach Öko-Audit-Verordnung der EU vorgegebene Umwelterklärung, die die Öffentlichkeit über die grundlegenden Zusammenhänge zwischen Betrieb und Umwelt informiert, ist der erste Schritt zu einer offenen Umweltkommunikation. Dabei sollte es allerdings nicht bleiben. Das Unternehmen muß erreichen, daß die Informationen von außen in das Unternehmen hineingetragen werden und sich hieraus neue Ziele und Vorgaben definieren. Die Chance zum Lernen ergibt sich eben nur, wenn verschiedene Meinungen zusammenkommen und sich hieraus neue Spielregeln und Rahmenbedingungen entwickeln können. Eine ständige Information der Medien für umweltfördernde unternehmerische Maßnahmen sollte deshalb zur Routine werden. Umwelt-Events sind in Unternehmen, die sich einem Öko-Audit unterzogen haben, immer zu finden und auch meistens der Veröffentlichung wert. Die kontinuierliche Berichterstattung über die Umweltaspekte der Unternehmenstätigkeit ist ein weiterer innovativer Schritt über die geforderte Umwelterklärung hinaus, der für Vertrauen, Akzeptanz und Dialog sorgt.

Die Chancen des Dialoges liegen insbesondere darin, den Worten auch Taten folgen zu lassen und die physische Umweltbelastung als Folge der geistigen Entwicklungsprozesse, d. h. Umweltbewußtsein, nachhaltig zu verringern.

# 8 Datenerhebung und Nutzung der EDV

## 8.1 Ziele und Nutzen

Die Erhebung von Daten für das Öko-Audit soll alle umweltrelevanten Aspekte des Unternehmens berücksichtigen. Hierzu sind meist eine Fülle von Daten und Informationen notwendig. Man kann grundsätzlich unterscheiden zwischen:

**Energie- und Stoffströmen** -sowohl Input als auch Outputdaten (zum Beispiel bezogener Strom in kWh, bezogenes Trinkwasser, Menge Restmüll);

**Bezugsdaten**, die es ermöglichen, aus den absoluten Input-/Outputdaten sinnvolle Kennzahlen zu bilden (zum Beispiel kWh Strom/Produktionseinheit, Liter Heizöl/beheizte Fläche);

**Bewertungsdaten und Bewertungsinformationen**, die es ermöglichen, die gebildeten Kennzahlen (durchschnittlicher Heizölverbrauch in Verwaltungsgebäuden pro Quadratmeter, bezogen auf die Mitarbeiterzahl u.ä.) und die eingesetzten Stoffe und Materialien zu bewerten (zum Beispiel Wassergefährdung, Luft-Emissionen, Energieverbrauch der Rohstoffproduktion bzw. Bereitstellung).

Die Nutzung der EDV ist für große Datenmengen unumgänglich. Sinnvollerweise sollte ein Datenbankprogramm eingesetzt werden. Die Vorteile der EDV-Nutzung sind:

- Kosteneinsparung durch Reduzierung zeitintensiver manueller Eingabetätigkeiten
- automatisierte Berechnung der Energie- und Stoffströme
- einfache Fortschreibung
- automatisierte Berechnung der Veränderungen
- Vermeidung von mehrfachem Erfassen und Sammeln der Daten
- gute Zugänglichkeit der Daten und Informationen für die zuständigen Personen in Netzwerksystemen

Die Erhebung der Daten und Informationen erfolgt mit Hilfe von Tabellen, die in Kapitel 8.3 erläutert werden. Die dort erfaßten Daten und Informationen können genutzt werden um:

- Schwachstellen zu erkennen und Prioritäten festzulegen
- Ziele festzulegen, zu quantifizieren und zu kontrollieren
- Maßnahmen/Verbesserungsvorschläge zu sammeln und zu dokumentieren
- Maßnahmen zu terminieren und den zuständigen Personen zuzuordnen
- Kosten zuzuordnen
- die Fortschreibung zu gewährleisten und Entwicklungen durch Jahresvergleiche aufzustellen
- eine betriebliche Ökobilanz zu erstellen (vgl. Kap. 4.1 und 8.4.1)

## 8.2 Vorgehensweise bei der Daten- und Informationsbeschaffung

### 8.2.1 Unternehmens-/Betriebsspezifische Daten

Bevor Daten erhoben werden, muß die Systemgrenze definiert werden; zum einen zeitlich (Erhebungsjahr), zum anderen räumlich (gesamtes Unternehmen, einzelner Betrieb oder Betriebsteile). Unternehmens-/Betriebsspezifische Daten im hier verstandenen Sinne sind:

- Energie- und Stoffströme - sowohl Input als auch Outputdaten
- Bezugsdaten, wie Umsatz, beheizte Flächen, Anzahl der Mitarbeiter, erzeugte Produkte, die es ermöglichen, aus den absoluten Input-/Outputdaten sinnvolle Kennzahlen zu bilden

Die notwendigen Daten und Informationen ergeben sich aus den Tabellen (siehe Kapitel 8.3), die in aller Regel nicht zentral verfügbar sind, sondern aus den verschiedensten Abteilungen zusammengetragen werden müssen. Einen ersten Hinweis, wo Daten und Informationen verfügbar sein könnten, gibt meist der Organisationsplan des Unternehmens. Konstruktions- bzw. FuE-Abteilung sollten vor allem auch wegen Maßnahmen und Verbesserungsvorschlägen zu Rate gezogen werden. Dann sollten die zuständigen bzw. mutmaßlich zuständigen Personen über das Vorhaben schriftlich oder telefonisch informiert werden. Folgende weitere Vorgehensweise bietet sich an:

- Gespräch mit den zuständigen Abteilungs-/Bereichsleitern.
- Zu den Gesprächen sollten bereits für die Erhebung wichtige Unterlagen mitgebracht werden.
- Während der Gespräche sollte geklärt werden, wer die notwendigen Daten und Informationen zusammenträgt. Hierbei können für eine Tabelle selbstverständlich auch unterschiedliche Personen zuständig sein. Es können die Bereichs-/Abteilungsleiter oder auch Mitarbeiter der entsprechenden Abteilung sein.
- Es sollte sichergestellt werden, daß die Energie- und Stoffströme vollständig aufgeführt und Dopplungen vermieden werden.
- Unternehmensinterne Bezeichnungen zum Beispiel für Roh-/Hilfs-/Betriebsstoffe, Anlagen, Produktionsmaschinen, Gebäude, Läger, Abfälle usw. müssen für alle Teilnehmer eindeutig sein. Gegebenenfalls Listen aushändigen.
- Wichtig ist zudem, welche Daten und Informationen in welcher Form und zu welchen Zeitpunkten aus der EDV verfügbar sind und wie sie in die Tabellen der verwendeten Software übernommen werden können.
- Abstimmung über Termine zur Bereitstellung bzw. Übertragung der Daten
- Festhalten der Zuständigkeiten, EDV-Modalitäten, Abgabetermine

### 8.2.2 Daten und Informationen zur Bewertung

Die Datenerhebung alleine liefert zwar den Grundstock für die betriebliche Ökobilanz, gibt aber noch keine Aussage darüber, wie die eingesetzten Roh-, Hilfs- und Betriebsstoffe, der Energie- und Wasserverbrauch, die Abwasserbelastung u.s.w. zu bewerten sind. Beispielhaft ist eine mögliche Vorgehensweise zur Bewertung der eingesetzten Roh-, Hilfs- und Betriebsstoffe in Anhang II, Hilfstabellen 1 bis 3 aufgezeigt. Informationsquellen zur Bewertung sind zum Beispiel:

- Gesetzliche Grundlagen (Gefahrstoffverordnung, Verordnung über Anlagen zum Lagern, Abfüllen und Umschlagen wassergefährdender Stoffe, Verordnung über brennbare Flüssigkeiten, Technische Regeln für Gefahrstoffe, Maximale Arbeitsplatzkonzentration, Wassergefährdungsklasse, div. Verwaltungsvorschriften, u. a.)

- Lieferanten
- Sicherheitsdatenblätter
- Fachverbände
- Datenbanken
- Umweltinstitute und Umweltverbände
- Literatur

## 8.3 Tabellen und Hilfstabellen

### 8.3.1 Tabellen

Zur Bestandsaufnahme der unternehmens-/betriebsspezifischen Daten und Informationen dienen die im Anhang II aufgeführten Tabellen. In den einzelnen Spalten sind die jeweils aufzunehmenden Daten aufgeführt. Unternehmensinterne Bezeichnungen, zum Beispiel für Gebäude und Produkte, sollten mit eingetragen und als Bezugsgröße genutzt und schon in der EDV vorhandene Daten über Schnittstellen übertragen werden. Die Struktur der Tabelle ist der vorhandenen Datenstruktur anzupassen.

Folgende Tabellen sind zur Bestandsaufnahme vorgesehen:

1. Roh-, Hilfs- und Betriebsstoffe
2. bezogene Halb- und Fertigfabrikate
3. Packmittel und Packstoffe
4. Büromaterialien
5. Produktionsmaschienen/-anlagen
6. Stromverbraucher
7. Energieverbrauch
8. Wasserverbrauch
9. Gebäude
10. Böden und Flächen
11. Verkehr
12. Produkte
13. Abfälle
14. Luftemissionen
15. Abwasser

In den Tabellen wird zum Teil auf bereits ermittelte Daten anderer Tabellen zurückgegriffen. So werden zum Beispiel anlagenspezifische Abfälle, die in Tabelle 5 „Produktionsmaschinen-/anlagen“ eingetragen wurden, bei entsprechender Verknüpfung der Dateien automatisch in Tabelle 13 „Abfälle“ übernommen.

Die Tabellen werden jährlich aktualisiert. Dadurch können entsprechende Entwicklungen aufgezeigt und mit Zielvorgaben verglichen werden. Die dazu notwendige Aufbereitung der Daten wird in Kapiel 8.4.2 erläutert.

### 8.3.2 Hilfstabellen

Zum Ausfüllen der Tabellen werden neben den unternehmensspezifischen Daten weitere Informationen benötigt. Dies betrifft vor allem die ökologische Bewertung eingesetzter Roh-, Hilfs- und Betriebsstoffe, der erzeugten Produkte und der Ermittlung der vom Unternehmen ausgehenden Luftbelastung. Hierzu sind im Anhang II beispielhaft folgende drei Hilfstabellen aufgeführt:

1. Roh-, Hilfs und Betriebsstoffe
2. Ge-/Verbrauch
3. Entsorgung

Diese Tabellen sind als Checklisten zu betrachten, die sicherstellen sollen, daß bei der Bewertung keine umweltrelevanten Kriterien vergessen werden. Zur Bewertung selbst müssen oft eine Vielzahl von Informationen herangezogen werden ( siehe auch Kapitel 8.2.2: Informationsquellen).

## 8.4 Aufbereitung der Daten und Informationen

### 8.4.1 Erstellung der betrieblichen Ökobilanz

Mit den durch die Tabellen ermittelten Daten kann eine betriebliche Ökobilanz nach dem Schema in Abbildung 8-1 erstellt werden:

| Input | Output |
|---|---|
| **1. Umlaufgüter (in kg)** | **1. Produkte (in kg)** |
| 1.1 Roh-, Hilfs- und Betriebsstoffe | 1.1 Selbsterstellte Produkte<br>1.2 Ersatzteile |
| 1.2 bezogene Halb-/Fertigfabrikate | |
| 1.3 Packmittel | 1.3 Kuppelprodukte |
| 1.4 Büromaterialien | |
| **2. Anlagegüter (in Stück)** | **2. Abfälle (in kg)** |
| 2.1 Produktions-/Fördermaschinen | 2.1 Wertstoffe |
| 2.2 Büromaschinen | 2.2 Sonderabfälle |
| 2.3 Fuhrpark | 2.3 Bauschutt |
| | 2.4 Restmüll |
| **3. Energie (in kWh)** | **3. Abluft (in kg)** |
| 3.1 Elektrische Energie | 3.1 energiebedingte Emissionen |
| 3.2 Gas | 3.2 prozeßbedingte Emissionen |
| 3.3 Öl EL/S | 3.3 verkehrsbedingte Emissionen |
| 3.4 Fernwärme | |
| 3.5 Treibstoffe | |
| **4. Wasser (in cbm)** | **4. Abwasser** |
| 4.1 Trinkwasser | 4.1 Abwassermenge (in cbm) |
| 4.2 Brauchwasser | 4.2 Abwasserbelastung (entscheidende Parameter) |
| **5. Bodennutzung (in qm)** | **5. Bodenbelastung** |
| 5.1 bebaute Flächen | 5.1 belastete Flächen (in qm/cbm) |
| 5.2 versiegelte Flächen | 5.2 Belastungsgrad (entscheidende Parameter) |
| 5.3 Grünflächen | |
| **6. Verkehr (in km/tkm)** | |
| 6.1 Personenverkehr (km) | |
| 6.2 Güterverkehr (tkm) | |

Abbildung 8-1

Die einzelnen Positionen können weiter aufgegliedert und zeitlich verglichen werden, zum Beispiel:

| **6. Verkehr** | **1992** | **1993** | **1994** |
|---|---|---|---|
| **6.1 Personenverkehr (km)** | | | |
| 6.1.1 Pkw mit Kat | | | |
| 6.1.2 Pkw ohne Kat | | | |
| 6.1.3 Pkw Diesel | | | |
| 6.1.4 Bahn | | | |
| 6.1.5 Kurzstreckenflüge | | | |
| 6.1.6 Langstreckenflüge | | | |
| **6.2 Güterverkehr (tkm)** | | | |
| 6.2.1 Lkw lärmarm | | | |
| 6.2.2 Lkw nicht lärmarm | | | |
| 6.2.3 Bahn | | | |
| 6.2.4 Flugzeug | | | |
| 6.2.5 Binnenschiff | | | |
| 6.2.6 Hochseeschiff | | | |

Abbildung 8-2

## 8.5 Schwachstellen-Analyse

Ein Hauptziel der Bestandsaufnahme ist sicherlich die Schwachstellenanalyse. Alleine schon bei der Zusammenstellung der Daten und Informationen lassen sich eine Reihe von Schwachstellen ermitteln. Weitere Schwachstellen können zum Beispiel durch Vergleich mit Kennzahlen festgestellt werden.

Im Energiebereich sind Kennzahlen wie Energieverbrauch zu Heizzwecken bezogen auf Quadratmeter beheizte Fläche oder die Beleuchtungsleistung in Watt pro Quadratmeter beleuchteter Fläche wichtige Kennzahlen. Diese können zum Beispiel aus den Tabellen 6, 7 und 9 in Anhang II ermittelt werden.

Aus Tabelle 6 kann weiterhin der Verbrauchsanteil der Stromverbraucher ermittelt werden. Dies geschieht durch Aufsummierung nach den verschiedenen Verbraucherarten, die dann mit dem Gesamtstromverbrauch in Beziehung gesetzt werden. Hierdurch kann leicht festgestellt werden, wo der größte Stromverbraucher liegt.

Auch im Bereich Verkehr ist es sinnvoll, Anteile der Verkehrsträger darzustellen. Dies sollte, wie auch bei den Stromverbrauchern, grafisch geschehen. Die Tabellenkalkulationsprogramme bieten hierfür meist eine Vielzahl von Möglichkeiten. Die Daten werden dabei direkt von den Tabellen übernommen. Als weiterer Schritt müssen Ziele definiert werden. Ausgangspunkt hierfür sind die Bestands- und Verbrauchsdaten sowie Kennzahlen. Beispiele hierfür sind:

| | 1993 | 1994 | Ziel 1995 | Ziel 1996 |
|---|---|---|---|---|
| Anteil Bahn am Güterverkehr | | | | |
| Heiz-Energieverbrauch/beheizte Flächen | | | | |
| Maximale $CO_2$-Belastung durch das Unternehmen | | | | |
| Maximaler Wasserverbrauch/erzeugtes Produkt | | | | |

**Abbildung 8-3**

Diese Ziele sollten mit Zeitpunkt der Erfüllung in einer Datei festgehalten werden. In die Datei können dann die aktuell gültigen Daten übernommen werden. Dadurch ist in übersichtlicher Weise eine Kontrolle in Richtung Zielerreichung möglich.

# 9 Umsetzung eines Öko-Audits in einem mittelständischen Unternehmen

## 9.1 Von der Idee zur Umsetzung

Die im Juni 1993 vom Ministerrat der Europäischen Union verabschiedete Öko-Audit-Verordnung (Verordnung EWG 1836/93) hat die Einführung von Umweltmanagementsystemen zur kontinuierlichen Verbesserung des betrieblichen Umweltschutzes zum Ziel. Betroffen von dieser Verordnung sind quasi alle gewerblichen Unternehmen in Europa. Amtlich anerkannte Umweltprüfer werden zukünftig die Umweltleistungen der Betriebe und die Funktionsfähigkeit der betrieblichen Umweltschutzorganisation begutachten und nach positiver Beurteilung das Umweltzertifikat der Europäischen Union vergeben. Damit werden Öko-Audits zu einem wichtigen Marketingfaktor. Diese Überlegungen waren Ausgangspunkt für die Entscheidung eines mittelständischen Unternehmens, ein Öko-Audit bereits vor Beginn der offiziellen Zertifizierungsphase ab April 1995 durchzuführen, um dann bei den ersten zertifizierten Unternehmen überhaupt zu sein. Das Unternehmen hatte sich innerhalb der Branche durch qualitativ hochwertiger Produkte und aufgrund innovativer Technik eine führende Wettbewerbsposition erarbeitet. Der innerbetriebliche Umweltschutz hatte zwar vergleichsweise einen guten Stand erreicht, wurde aber nach Auffassung des Unternehmens nicht systematisch genug betrieben, um das Unternehmen mit dem Thema „Umwelt" im Markt positionieren zu können. Die Geschäftsleitung sah mit einem Öko-Audit die Möglichkeit, hier schnell und effizient Abhilfe zu schaffen. In einem ersten Vorgespräch mit einem Berater wurden zunächst hierzu die Vorstellungen des Unternehmens diskutiert und anschließend nach einer Angebotsphase ein Auftrag für die gesamtverantwortliche Durchführung des Öko-Audits vergeben.

## 9.2 Zielsetzung des Öko-Audits und Erwartungen des Managements

In der Eröffnungssitzung des Projektes erarbeitete das Management zusammen mit den Beratern die unternehmensspezifischen Ziele, die mit Hilfe des Öko-Audits erreicht werden sollten. Diese waren:

- Erfassung und Darstellung der IST-Situation des betrieblichen Umweltschutzes (Technik/Organisation)
- Ermittlung der rechtlichen Risiken des Unternehmens
- Erfassung der ökologischen Schwachstellen und Aufzeigen von Verbesserungsmaßnahmen
- Verbesserung der Ressourceneffizienz
- Reduzierung des Energieverbrauchs und Vermeidung von Abfällen
- Entwicklung von Kriterien für eine umweltgerechte Beschaffung
- Aufbau eines Umweltmanagementsystems nach EU-Verordnung

**Erwartungen des Managements**

Die Erwartungen des Managements an dieses Öko-Audit waren damit hoch gesteckt. Außer den bereits genannten Zielsetzungen sollten auch Erfahrungen und Realisierungsschwierigkeiten bei der praktischen Umsetzung des Audits erfaßt und dokumentiert werden, um die Praktikabilität der EU-Verordnung für den Transfer des Audits auf andere Betriebe der Branche beurteilen zu können. Weiterhin versprach sich das Management Antworten auf die Frage, wie praktischer Umweltschutz in das Tagesgeschäft integriert werden könnte. Mit einer systematischen Analyse der ökologischen Schwachstellen sowie der Entwicklung einer betrieblichen Umweltpolitik als Leitbid für künftiges Handeln sollte das Öko-Audit hier zu einer deutlichen Verbesserung beitragen.

## 9.3 Projektkonzeption und Vorgehensweise

Gemeinsam mit dem externen Beratungsunternehmen wurden auf Basis der der genannten Zielsetzungen eine detaillierte Projektkonzeption und -planung entwickelt. In einem Gespräch mit der Geschäftsleitung wurde diese Konzeption diskutiert. Die Berater erläuterten sowohl die internen Eigenleistungen als auch die externen Berateraufgaben in den Projektphasen sowie die wichtigen Meilensteine des Projektes. Die in der Eröffnungssitzung diskutierten Ziele und das Gesamtprojekt wurden kurz darauf von der Geschäftsleitung allen Mitarbeitern während einer Betriebsversammlung erläutert und schriftliche Unterlagen an den Informationstafeln des Unternehmens ausgehängt, wobei die Umsetzungsstufen des Öko-Audits bis zur Zertifizierung wie in Abbildung 9-1 dargestellt wurde. In allen Projektphasen (vgl. Abbildung 9-2 und 9-3) fanden Arbeitssitzungen des Projektteams statt sowie Diskussionsrunden mit der Geschäftsleitung und den Abteilungsleitern. Über Aushänge an den Informationstafeln wurden die Mitarbeiter über den Fortgang des Projektes informiert und zur aktiven Mitarbeit (zum Beispiel bei der Entwicklung der betrieblichen Umweltpolitik aufgerufen).

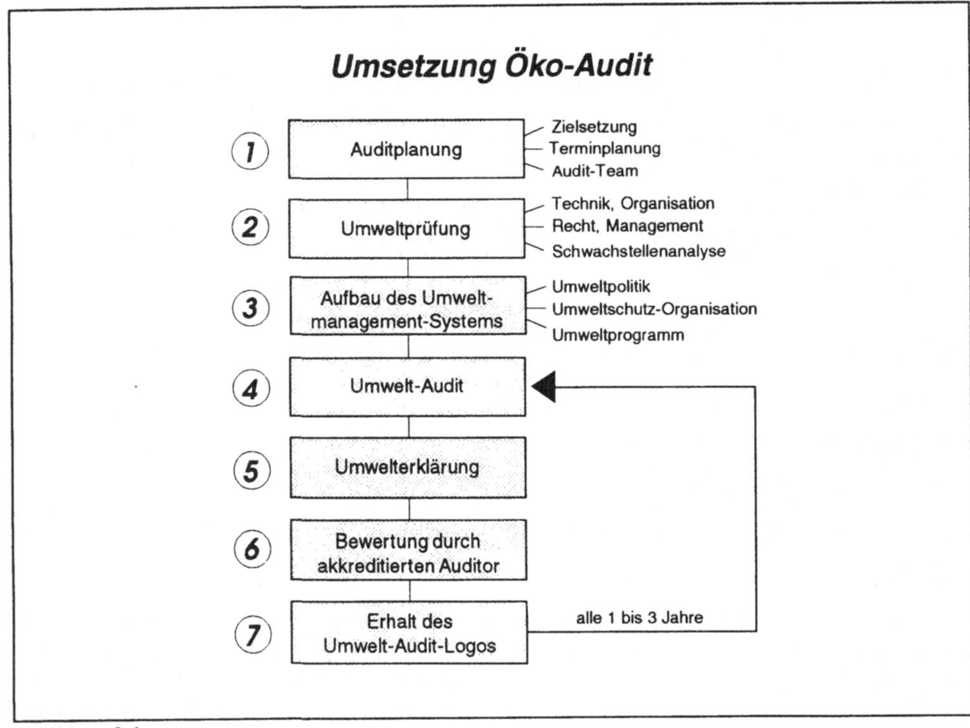

Abbildung 9-1

## *Projektablauf (Übersicht)*

| Projektphase | Maßnahmen |
|---|---|
| **Eröffnungssitzung** | - Information des Managements<br>- Zielsetzung des Audits<br>- Erwartungen des Managements<br>- Strategie |
| **Planungs- und Organisationsphase** | - Abgrenzung der Untersuchungsbereiche<br>- Auditplanung/Terminplanung<br>- Teambildung<br>- Festlegung betriebsspezifischer Auditkriterien<br>- Einbindung des Managements |
| **Informationsphase** | - Sammlung auditrelevanter Unterlagen<br>- Vorbereitung Checklisten<br>- Bearbeitung der Checklisten durch Management |
| **Ist-Aufnahme** | - Check-up Umweltsituation:<br>* Management<br>* Legal Compliance<br>* Technik/Organisation<br>- Durchführung von Interviews |
| **Auswertungsphase** | - Cross-Check der Interviews<br>- Aufbereitung/Bewertung der Ergebnisse<br>- Verifizierung Befunde |
| **Schwachstellenanalyse** | - Ermittlung Schwachstellen<br>- Abschätzung Verbesserungspotentiale<br>- Ermittlung Kosten-/Nutzenverhältnis<br>- Vorschläge |

Abbildung 9-2

## *Projektablauf (Übersicht)*

| Projektphase | Maßnahmen |
|---|---|
| **Maßnahmenplanung** | - Erarbeitung spezifischer Maßnahmen<br>- Erstellung Maßnahmenkatalog<br>- Vorbereitung Umweltprogramm |
| **Entwicklung**<br>*** Umweltziele**<br>*** Umweltpolitik**<br>*** Umweltprogramm** | - Definition Umweltziele<br>- Entwurf/Ausarbeitung Umweltpolitik<br>- Ausarbeitung Umweltprogramm und Priorisierung |
| **Aufbau Umweltmanagement-system** | - Festlegung Aufbau-/Ablauf-organisation<br>- Einrichtung Instanzen:<br>  - Umweltkoordinatoren<br>  - Steuerkreis „Umwelt“ = Umweltmanager<br>  - Strategiekreis "Umwelt"<br>- Implementierung Hilfsmittel und Anforderungen nach EU-Verordnung |
| **Dokumentation** | - Zusammenstellung aller Unterlagen<br>- Festlegung der Systematik (im Sinne eines Umwelthandbuchs nach ISO 9001)<br>- Erstellung fehlender Unterlagen<br>- Abschlußbericht |
| **Umwelterklärung** | - Komprimierung Ergebnisse des Audits<br>- Festlegung Inhalte<br>- Erstellung Erklärung |

Abbildung 9-3

## 9.4 Aufgabe der externen Beratung

Das Unternehmen hatte sich deshalb zur Durchführung des Öko-Audits für ein externes Beratungsunternehmen entschieden, weil einerseits innerbetriebliches Know-how zur praktischen Realisierung des Öko-Audits fehlte, andererseits dieses Projekt nicht mit eigenen Personalkapazitäten bewerkstelligt werden konnte. Dies ist eine typische Situation von mittelständischen Betrieben. Je ein Mitarbeiter aus den Bereichen Materialwirtschaft und Produktion wurden aufgrund ihrer Fachkompetenz in das Audit-Team berufen. Die Berater waren für die Moderation der Sitzungen und für die Koordination des Projektes hinsichtlich der Bereitstellung des Fach-Know-hows sowie der personellen Ressourcen, zur Entwicklung der Verbesserungsmaßnahmen, Erarbeitung der Umweltleitlinien, Aufbau des Umweltmanagementsystems und Erstellung der Umwelterklärung zuständig. Weiterhin war es Aufgabe der Berater, zusammen mit dem Betrieb das Umweltmanagementsystem aufzubauen.

## 9.5 Einbindung der Unternehmensleitung und der Mitarbeiter

Voraussetzung für den Erfolg des Öko-Audits war die Einbindung des Managements sowie wichtiger Mitarbeiter, die direkt mit dem Audit konfrontiert waren. Im Sinne der Vorgabe der Verordnung, den Umweltschutz im Unternehmen kontinuierlich zu verbessern, mußten darüberhinaus allen Mitarbeitern die Bedeutung eines Öko-Audits verständlich gemacht werden. Dies geschah beispielsweise durch den Aushang von Informationen an den betrieblichen Informationstafeln. Darüberhinaus mußte der Anspruch der Verordnung, den betrieblichen Umweltschutz kontinuierlich zu verbessern von den Mitarbeitern verstanden und im Tagesgeschäft akzeptiert werden. Dies setzte von den Mitarbeitern Lernbereitschaft und Veränderungswillen voraus. Das Auditteam versuchte daher, die Mitarbeiter in das Öko-Audit so einzubeziehen (zum Beispiel bei der Datenerhebung, und der Entwicklung von Umweltleitlinien), daß Sie den Nutzen für sich und den Betrieb erkennen konnten und bereit waren, aktiv mitzuarbeiten. Weiterhin wurde das Management laufend über den Fortgang des Projektes informiert und aufgrund der notwendigen Projektentscheidungen (zum Beispiel Verabschiedung der Umweltpolitk) aktiv in das Projekt eingebunden.

## 9.6 Das Projektteam

In der Eröffnungssitzung des Audits wurde das Projektteam aus je drei Mitarbeitern des Unternehmens und zwei Mitarbeitern des externen Beratungsunternehmens gebildet. Die internen Auditoren hatten dabei folgende Funktion:

- Begleitung der externen Berater schwerpunktmäßig bei der IST-Aufnahme vor Ort sowie Unterstützung in den anderen Projektphasen,
- Übernahme des internen Projektmanagements (Terminplanung Interviews und IST-Aufnahme vor Ort, Schaffung der organisatorischen Voraussetzung für das Audit),
- laufende Information der Geschäftsleitung über den Fortgang des Projektes,
- Information des Betriebsrates über die wichtigen Meilensteine des Projektes,
- Gemeinsam erarbeiteten Berater und interne Auditoren:
- die Verbesserungsmaßnahmen auf Basis der Schwachstellenanalyse
  - den Entwurf für die betriebliche Umweltpolitik,
  - die Aufbau- und Ablauforganisation des Umweltmanagementsystems,

- den Entwurf für die Umwelterklärung,
- die Input-/Outputbilanz,
- Rahmenkonzept für das Umwelthandbuch.

Es zeigte sich im Projektverlauf, daß eine effektive Zusammenarbeit zwischen Berater und internen Auditoren nur gegeben war, wenn Mißverständnisse und Meinungsverschiedenheiten rechzeitig kommuniziert und ausgeräumt wurden.

## 9.7 Die Umsetzung in die Praxis

### 9.7.1 Vorbereitungsphase

Zur Groborientierung über den Stand des betrieblichen Umweltschutzes wurden von den Beratern zunächst die wichtigen Informationen des Unternehmens zum Betrieb (Technik/Organisation) sowie zum Produkt gesichtet und ausgewertet. Zur Vorbereitung von unternehmensspezifischen Checklisten, die vor der IST-Aufnahme vor Ort von den Verantwortlichen des Unternehmens beantwortet werden sollten, wurden noch Unterlagen zur den Produktionsanlagen, zur Energiewirtschaft, zur Abfallentsorgung sowie zur Umweltrelevanz der Produkte angefordert.

Die Berater entwickelten daraufhin auf die Firma bezogene spezifische Checklisten untergliedert nach den Bereichen: Management, Rechtliche Aspekte (Legal Compliance) sowie Technik/Organisation. Diese strukturierten Checklisten enthielten sowohl offene als auch geschlossene Fragen zu allen relevanten Umweltbereichen des Unternehmens. Mit dem Management wurde vereinbart, daß diese Checklisten ausgefüllt binnen drei Wochen nach Versand an den Umweltverantwortlichen wieder den Beratern zur Verfügung gestellt werden sollten. Die Checklisten kamen fristgerecht zurück und stellten eine wertvolle Hilfe zur Ermittlung der Stoffströme (vgl. Abbildung 9-4) und für die Vorbereitung der IST-Aufnahme vor Ort dar.

## Datenblatt/Checkliste aus IST-Aufnahme (Beispiel)

| Anfallort | Abfallart: | Menge/Jahr: | Art und Ort der Entsorgung bzw. des Recycling | Kosten / Jahr | Bemerkungen |
|---|---|---|---|---|---|
| Produktion | Produktions-abfälle | 400 t | Hausmüll-Deponie | DM 410.000,-- | Abfälle unkritisch, Entsorgungssicherheit gegeben |
| Produktion | Holz | 1.500 t | eigene Verfeuerung | ./. | moderne Heizanlage 1992 installiert |
| Produktion | Altöle (Hydraulik) | (1000 l in Fässern) | Ölhandel | DM 3.000,-- | Entsorgung gesichert |
| Produktion | andere Altöle * | 1.484 l in Fässern | Ölhandel | DM 4.100,-- | Entsorgung gesichert |
| Produktion | Einwegpaletten aus Holz | 11.800 Stück | eigene Verfeuerung | ./. | Entsorgung gesichert |
| Produktion | Mehrwegplatten | 44.300 Stück | Spediteur | ./. | Rückgabe gesichert (Vertrag) |
| Produktion | Lackschlamm | 11,4 t | Deponie | DM 30.000,-- | Alternativen werden untersucht |
| Verwaltung | Hausmüll | alle 4 Tage 41 cbm (ohne Papier) | Müllabfuhr | DM 15.000,-- | Kosteneinsparpotentiale vorhanden |

* innerbetriebliche Transportfahrzeuge

Abbildung 9-4

## 9.8 IST-Aufnahme der betrieblichen Umweltsituation

Zur Erfassung und Beurteilung der betrieblichen Umweltschutzsituation begann nun die Phase der IST-Aufnahme vor Ort. Vorgesehen waren Interviews sowohl mit maßgeblichen Entscheidungsträgern als auch mit Mitarbeitern des operativen Tagesgeschäftes. Vor der eigentlichen Datenerhebung und den Interviews vor Ort erfolgte eine detaillierte Interviewplanung mit entsprechender Terminierung. So wurden zum Beispiel für die Gespräche mit den Abteilungsleitern ca. 2 - 2,5 Stunden Interviewzeit eingeplant. Aufgabe der internen Auditoren war dann die hausinterne Terminabstimmung sowie insgesamt die Organisation der IST-Aufnahme im Betrieb (Bereitstellung Arbeitsbüro und Arbeitsunterlagen, Organisation von Dokumenten, Gebäudeschlüsseln etc.). Kurz vor Beginn der IST-Aufnahme wurden die entsprechenden Abteilungen nochmals schriftlich über die Zeitpunkte der Interviews und die Anwesenheit der Berater im Unternehmen unterrichtet.

Die Interviews vor Ort führten die Berater jeweils unter Beisein eines internen Auditors durch. Grundlage hierfür waren speziell für die IST-Aufnahme vor Ort entwickelte Interview-Checklisten. Teilweise mußten Fragen dieser Checklisten zur weiteren schriftlichen Bearbeitung an die Interviewpartner ausgehändigt werden, weil notwendige Zahlenangaben nicht verfügbar waren. Nach den Interviews erfolgte die Sichtung und Prüfung von internen Unterlagen. Anschließend erfolgten mehrere Betriebsbegehungen im Werk.

Die umweltrelevanten Produktionsdaten konnten überwiegend aus bereits vorhandenen Daten zusammengestellt und um aktuelle Energie- und Logistikdaten ergänzt werden. Damit waren die Grundlagen für eine detaillierter Stoffflußdarstellung gegeben.

Alle ermittelten und erhobenen Daten bzw. Aussagen der Mitarbeiter wurden daraufhin von den externen Beratern in einem IST-Aufnahmebericht zusammengefaßt. Dabei ergaben sich zum Teil noch widersprüchliche Aussagen, weil Sachverhalte von verschiedenen Personen unterschiedlich dargestellt wurden (zum Beispiel was den Stand des bisher erreichten Umweltschutzes anging). Der Bericht wurde ebenfalls aufgegliedert in die Bereiche: Management, Rechtliche Aspekte (Legal Compliance) sowie Technik/Organisation. Weiterhin wurden offensichtliche Schwachstellen aufgelistet. Der vorläufige Bericht wurde zunächst im Projektteam diskutiert, überarbeitet und dann der Geschäftleitung zur Kommentierung vorgelegt.

## 9.9 Schwachstellenanalyse und Entwicklung von Maßnahmen

Die durchgeführte IST-Aufnahme stellte die Basis dar für die Ermittlung der ökologischen Schwachstellen im Betrieb sowie Anhaltspunkte für Maßnahmen zu deren Beseitigung. Mit der Erhebung der bisherigen Vorgehensweise zu Umsetzung von Umweltmaßnahmen war das Projektteam nun in der Lage, sich erste Gedanken über ein funktionstüchtiges, auf den Betrieb zugeschnittenes Umweltmanagementsystem zu machen. Dazu waren natürlich die diezbezüglichen Vorgaben der Verordnung einzubeziehen. Weiterhin wurden sofort erkennbare, offensichtliche Schwachstellen von den Beratern aufgelistet und im Projektteam diskutiert. Dabei wurde deutlich, daß eine Reihe von ökologischen Schwachstellen im Betrieb schon längere Zeit bekannt waren aber nicht offiziell thematisiert wurden. Entsprechende Empfehlungen zur Behebung dieser Schwachstellen wurden im Projektteam erarbeitet und diskutiert und dann den zuständigen Stellen als Sofortmaßnahmen bekannt gegeben. So waren zum Beispiel ein nicht mehr benötigter Tankbehälter sowie eine nicht fristgerecht gewartete Anlage zu überprüfen. Die für den Betrieb bedeutsamen Schwachstellen wurden von den Beratern systematisch ermittelt. Zusammen mit der Geschäftsleitung wurde eine Priorisierung vorgenommen und beschlossen, welche Schwachstellen von den Beratern detaillierter untersucht werden welche Maßnahmen umgesetzt werden sollten. Die Aufgaben die daraus entstanden waren:

- Entwicklung einer spezifischen Umweltpolitik für das Unternehmen
- Entwicklung und Implementierung des Umweltmanagementsystems
- Beschreibung der Aufbau- und Ablauforganisation des betrieblichen Umweltschutzes
- Erarbeitung von Öko-Checklisten für die Beschaffung (Büromaterialien, Wasch- und Reinigungsmittel, Rohstoffe, Büromöbel, DV-Geräte, Verbrauchsmaterialien, Elektrogeräte)
- Erarbeitung von Checklisten zur Beurteilung von Lieferanten und Geschäftspartnern
- Erarbeitung von Maßnahmen zur Verbesserung der innerbetrieblichen Kommunikation im Umweltschutz
- Entwicklung von Maßnahmen zur Energieeinsparung
- Ausarbeitung eines umweltverträglicheren Logistikkonzeptes

## 9.10 Entwicklung der betrieblichen Umweltpolitik

Eine schriftlich fixierte Umweltpolitik gemäß den Vorgaben der EU-Verordnung war im Unternehmen nicht vorhanden. Es existierten aber bereits Unternehmensleitlinien, die als Orientierung zur Formulierung der betrieblichen Umweltpolitik dienten. Gemeinsam mit der Geschäftsleitung wurde ein Konsens hergestellt, die nach EU-VO erforderliche Umweltpolitik in Form von Leitlinien zu formulieren. Diese sollten so konkret wie möglich definiert werden. Zunächst erarbeitete das Projektteam die langfristigen Umweltqualitätsziele des Unternehmens in bezug auf die Produkt- und Produktionsqualität. Im Abgleich mit den „Gute Management"-Praktiken der Verordnung (Anhang I, Abschnitt D) wurde abgecheckt, ob damit auch alle relevanten ökologischen Handlungsgrundsätze der Verordnung erfaßt waren. Da dies der Fall war, konnten diese Ziele anschließend thematisch zusammengefaßt, auf Redundanzen geprüft und komprimiert werden. Daraus entstanden die Umweltleitlinien des Unternehmens im Rohentwurf. Dieser Entwurf wurde der Geschäftsleitung sowie dem Betriebsrat zur Stellungnahme vorgelegt. Um alle Mitarbeiter in den weiteren Gestaltungsprozeß einzubeziehen und einen weitesgehenden Konsenz im Unternehmen herzustellen, wurden die vorformulierten Leitsätze an den Informationstafeln ausgehängt. Die Mitarbeiter wurden gebeten nun aktiv mitzuarbeiten, das heißt Verbesserungsvorschläge sowie Ergänzungen zu diesen Leitlinien einzubringen. Sinn und Zweck dieser Maßnahme war es, eine bindende Identifikation mit diesen Leitlinien bei den Mitarbeitern herzustellen. Nach mehrfacher Korrektur und Abstimmung mit der Geschäftsleitung wurden schließlich die Umweltleitlinien des Unternehmens verabschiedet. Sie umfassen die umweltbezogenen Gesamtziele und Handlungsgrundsätze des Gesamtunternehmens im Sinne einer Verantwortung für die Umwelt und in bezug auf ein aktives Umweltmanagement. Damit war eine Forderung der EU-Verordnung als Grundlage für eine spätere Zertifizierung des Unternehmens erfüllt.

## 9.11 Entwicklung des Umweltprogramms

Als Basis für die Ausarbeitung des Umweltprogramms dienten die aus der IST-Aufnahme identifizierten Schwachstellen mit erheblicher Umweltrelevanz. Alle offensichtlichen und mit geringem Aufwand kurzfristig behebbaren Schwachstellen wurden, wie bereits erwähnt, im Rahmen eines Sofortprogramms verabschiedet und nicht mehr in das Umweltprogramm aufgenommen. Zu allen identifizierten Schwachstellen erarbeiteten die Berater auf Basis der Schwachstellenanalyse Maßnahmen bzw. Empfehlungen zu deren Behebung. Für die Entwicklung von Maßnahmen zum Aufbau einer umweltgerechten Beschaffung, zur Berurteilung von Lieferanten und der ökologischen Relevanz ihrer Produkte, zur Verbesserung der innerbetrieblichen Abfallwirtschaft, zur Optimierung des Energieeinsatzes im Werk sowie zur Optimierung der Logistik waren umfangreichere Untersuchungen und Lösungsvorschläge notwendig.

Alle Maßnahmen wurden anschließend nach Prioritäten geordnet und zu jeder Maßnahme das entsprechende Umweltziel definiert. Daraus entstand dann das vorläufige mit Fristen und Verantwortlichkeiten versehene Umweltprogramm nach EU-Verordnung (vgl. Abbildungen 9-5 und 9-6).

In Abstimmung mit der Geschäftsleitung schlug das Projektteam vor, dieses Programm so in die Umwelterklärung zu übernehmen. Für die interne Umsetzung wurde auf Wunsch der Geschäftsführung von den Beratern ein internes Detailprogramm ausgearbeitet.

## *Umweltziele und Umweltprogramm (Beispiele)*

| **Bereich** | **Ziele** | **Maßnahmen** | **Fristen** |
|---|---|---|---|
| **Logistik** | Verringerung der Emissionen durch Transporte (innerbetrieblich/außerbetrieblich) | Prüfung der Transportstreckenminimierung;<br>Kombiverkehr fördern (Rückfrachten);<br>Alternativen für innerbetr. Transport-Studie. | A<br>C<br>A |
| **Abfälle** | Produktionsabfälle vermeiden, vermindern oder verwerten | vollständige Abfallverwertung;<br>Verpackungsmaterial wird vollständig wiederverwendet bzw. recyclet. | B<br>A |
| **Energie** | Heizenergiebedarf | Energiesparmaßnahmen für Gebäudebestand soweit möglich ausführen. | B / C |
| **Verkehr** | Verkehrsemissionen verringern über die Minimierung der Umweltbelastung durch den Berufsverkehr | 1. Verkehrsvermeidung, auch auf Geschäftsreisen;<br>2. Auswahl der umweltverträglichsten PKW. | A<br>A |

Abbildung 9-5

## *Umweltziele und Umweltprogramm (Beispiele)*

| Bereich | Ziele | Maßnahmen | Fristen |
|---|---|---|---|
| **Umweltschutz bei Auftragnehmern und Lieferanten** | Gleiche Umweltstandards bei Vertragspartnern (einschl. Umwelterklärungen und Audits) | Umweltstandards festlegen, dazu Kriterienkatalog zur Auswahl/Bewertung erstellen.<br>Umwelterklärungen und Audits fordern (schriftlich) | C |
| **Materialwirtschaft** | Umweltgerechte Beschaffung | Kriterien ermitteln und Checklisten erstellen,<br>Kriterien/Checklisten für Entscheidung bindend einführen (Delegation Verantwortung)<br>Überwachung der Beschaffungspraxis | A<br>B<br>C |
| **Unfälle/ Störfälle** | Notfallpläne, Alarmorganisation verbessern<br>Umweltschäden vorbeugen | Pläne ausarbeiten und Alarmorganisation festlegen<br>Lagerung wassergefährdender Stoffe überprüfen lassen<br>Übung mit örtlicher Feuerwehr | B<br>A<br>B |

**Fristen für Umsetzung**
A = kurzfristig (<6 Monate)
B = mittelfristig (6-12 Monate)
C = längerfristig (>12 Monate

Abbildung 9-6

## 9.12 Aufbau des Umweltmanagementsystem

Gemäß den Vorgaben der EU-Verordnung mußte ein geeignetes Umweltmanagementsystem für das Unternehmen entwickelt und eingeführt werden. Bereits bei der IST-Aufnahme wurden die wichtigsten Personen sowie die Geschäftsleitung auf ihre Vorstellungen hinsichtlich eines praxisgerechten Systems befragt. Im Projektteam wurden diese Vorstellungen diskutiert und die Berater erarbeiteten mit Hilfe ihrer Erfahrungen ein geeignetes Modell. Allen Beteiligten war bewußt, daß nur eine praktikable Lösung, die Rücksicht auf die bestehende Organisationsstruktur und -philosophie des Unternehmens nimmt eine Erfolgschance hat. Das im Team erarbeitete Umweltmanagementsystem wurde anschließend mit der Geschäftsleitung diskutiert und verabschiedet. Das System beruht im Kern auf einer festgelegten Aufbau- und Ablauforganisation sowie auf institutionalisierten Entscheidungs-, Durchführungs- und Kontrollinstanzen. In einer konstituierenden Sitzung wurden diese Instanzen berufen sowie deren Aufgaben und die Funktionsweise des Umweltmanagementsytems vom Projektteam erläutert.

### Aufbau- und Ablauforganisation

Die geplante Aufbau- und Ablauforganisation des betrieblichen Umweltmanagementsystems ist in Abbildung 9-7 bzw. Abbildung 9-8 dargestellt.

Prinzipiell liegt die operative Umweltverantwortung in den Personen, die mit den entsprechenden Aufgaben betraut sind. Das Management muß durch Delegation von Aufgaben, Kompetenz und Verantwortung dafür Sorge tragen, daß die betriebliche Umweltpolitik im Tagesgeschäft umgesetzt wird. Dafür tragen die Bereichsleiter und der Geschäftsführer die Mitverantwortung.

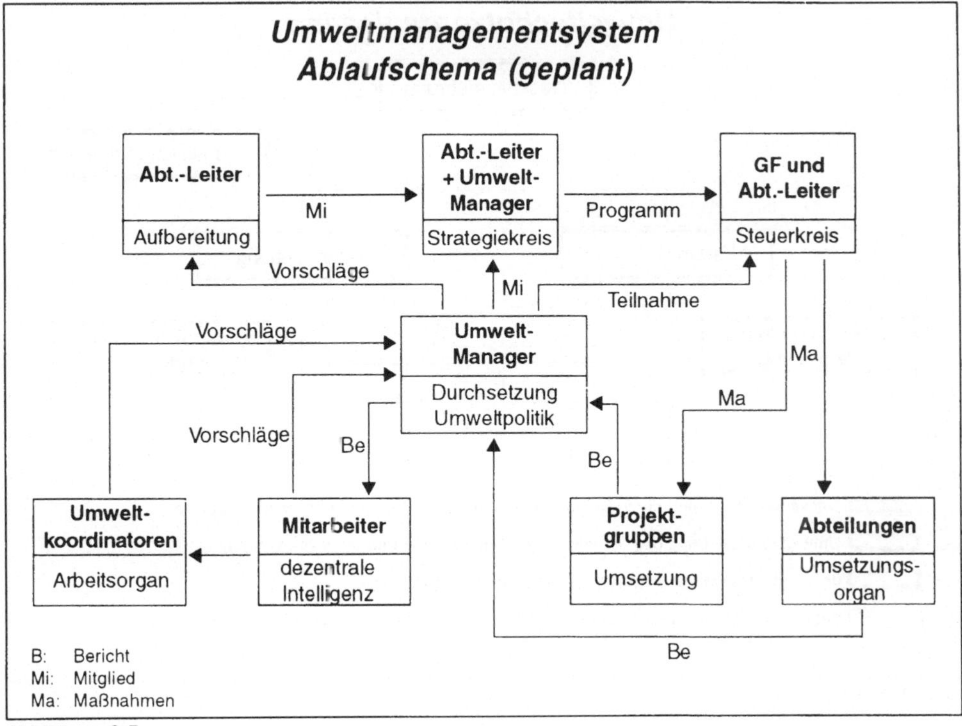

Abbildung 9-7

Das Umweltmanagementsystem besteht aus folgenden Entscheidungs-, Durchführungs- und Kontrollinstanzen, die im folgenden näher beschrieben sind:

- Umweltkoordinatoren (2)
- Strategiekreis "Umwelt"
- Steuerkreis "Umwelt"
- Umweltbeauftragter
- Abteilungsleiter
- Geschäftsleitung
- Mitarbeiter des Unternehmens.

**Die Umweltkoordinatoren**

Die Umweltkoordinatoren haben eine wichtige Funktion im Umweltmanagementsystem des Unternehmens. Die Umweltkoordinatoren setzen sich zusammen aus je einem Mitarbeiter der Materialwirtschaft und der Produktion. Sie entwickeln und diskutieren ökologische Verbesserungsmaßnahmen im Betrieb und erarbeiten konkrete Vorschläge als Entscheidungsbasis für den Umweltmanager. Die Umweltkoordinatoren sind angehalten, den Umweltmanager in seiner Arbeit zu unterstützen, insbesondere was die Durchsetzung der betrieblichen Umweltpolitik angeht. Des weiteren arbeiten die Umweltkoordinatoren mit bei der Erstellung von Umwelterklärungen nach der EU-Verordnung bzw. der Konzeption von Umweltberichten.

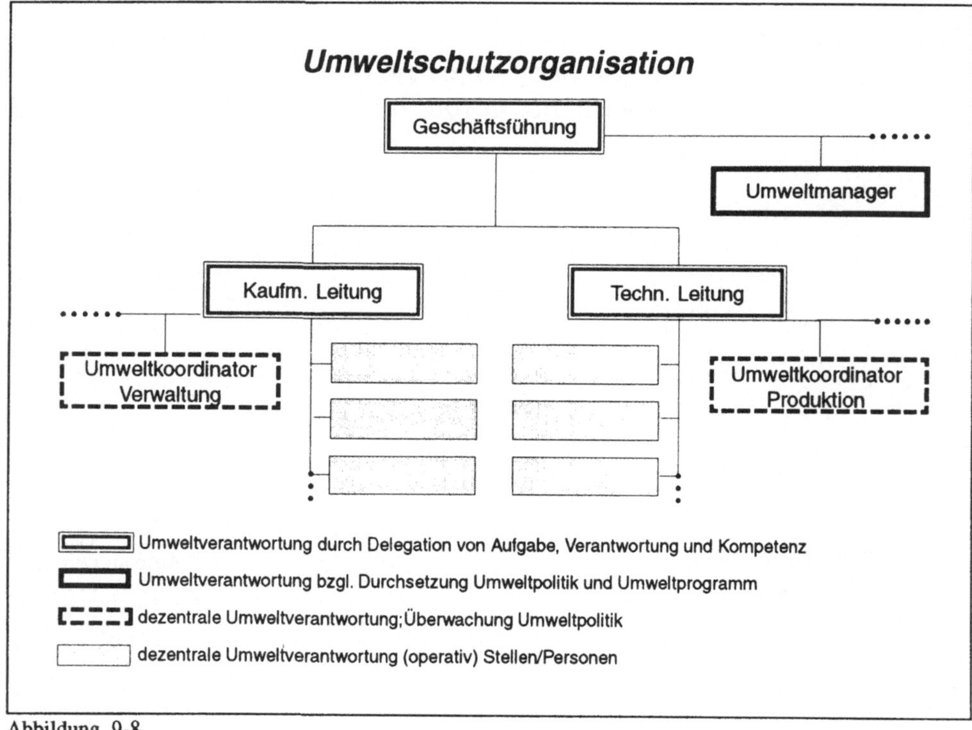


Abbildung 9-8

**Der Strategiekreis "Umwelt"**

Dieser setzt sich aus allen Abteilungsleitern, dem Geschäftsführer und dem Umweltbeauftragten zusammen. Der Strategiekreis tagt in regelmäßigen Abständen. Seine Hauptaufgabe besteht in der Entwicklung und Weiterentwicklung der Strategischen Umweltschutzplanung für alle Unternehmensbereiche. Weiterhin gehören die Festlegung und die periodische Überarbeitung der betrieblichen Umweltpolitik, die Aufstellung des periodischen Umweltprogramms sowie die Bewertung der Vorschläge des Arbeitskreises "Umwelt" und des Umweltbeauftragten zu seinen Aufgaben. Als oberstes Gremium des betrieblichen Umweltschutzes verabschiedet der Strategiekreis die periodisch erstellte Umwelterklärung und zeichet sich verantwortlich für die Kommunikation der Umweltschutzes innerhalb des Betriebes und in der Öffentlichkeit.

**Der Steuerkreis "Umwelt"**

Dieser setzt sich zusammen aus dem jeweiligen Bereichsleiter, dem Geschäftsführer und dem Umweltbeauftragten. Der Steuerkreis ist verantwortlich für die Einleitung konkreter Umweltschutzmaßnahmen im Betrieb. Alle durchzuführenden Umweltschutzmaßnahmen werden diskutiert, eine entsprechende Priorisierung vorgenommen und die ausführenden Abteilungen bzw. Personen mit der Durchführung beauftragt. Bei Bedarf werden gesonderte Projektteams zusammengestellt und mit entsprechenden Befugnissen ausgestattet. Der Steuerkreis ist verantwortlich für die Ergebniskontrolle und auch für die sofortige Einleitung notwendiger Korrekturmaßnahmen bei Abweichung von den Soll-Vorgaben. Alle eingeleiteten Maßnahmen sowie deren Ergebnisse werden in Projektprotokollen festgehalten und dem Umweltbeauftragten zur Verfügung gestellt.

**Die Abteilungsleiter**

Die Abteilungsleiter tragen die Ergebnisverantwortung für die durchzuführenden Umweltmaßnahmen gemäß des betrieblichen Umweltprogramms in ihrem Bereich. Sie bereiten die relevanten Umweltschutzvorschläge zu den periodisch stattfindenden Abteilungsbesprechungen qualitativ so vor, daß eine fundierte Grundlage für Entscheidungen möglich ist. Des weiteren berichten die Abteilungsleiter über den Stand der eingeleiteten Umweltmaßnahmen in der Abteilungsleitersitzungen sowie auf Anfrage an den Umweltbeauftragten.

**Die Mitarbeiter**

Die Mitarbeiter sind die wichtigste Ressource zur kontinuierlichen Verbesserung des betrieblichen Umweltschutzes. Alle Mitarbeiter sind aufgerufen, entsprechende Verbesserungsvorschläge einzubringen und diese bezüglich der Entscheidungsaufbereitung an den Umweltschutzbeauftragten weiterzugeben. Verbesserungsvorschläge, die zu Kosteneinsparungen führen, werden im Rahmen des betrieblichen Vorschlagswesens mit Prämien versehen. Die Bedeutung und Verantwortung der Mitarbeiter zeigt sich in der Durchführung beschlossener Umweltmaßnahmen im jeweiligen Arbeitsbereich. Als Maßstab für die Qualität der Ergebnisse dienen hier die Umweltleitlinien des Unternehmens. Diese sind für alle Mitarbeiter als Orientierung für das Tagesgeschäft verbindlich.

**Umsetzung von beschlossenen Maßnahmen des Strategiekreises**

Die vom Strategiekreis beschlossenen Maßnahmen sind im Betrieb umzusetzen. Dazu benennt der Strategiekreis entsprechende Abteilungen, Einzelpersonen oder Projektteams. Diese erhalten die Kompetenz zur Durchführung bzw. operativen Umsetzung im Betrieb unter Beachtung der Umweltleitlinien. Die Berichterstattung erfolgt sowohl an den Umweltbeauftragten als auch an den Steuerkreis "Umwelt".

**Der Umweltschutzbeauftragte**

Dieser ist zuständig für die Durchsetzung der Umweltleitlinien im Tagesgeschäft. Er koordiniert den Arbeitskreis "Umwelt" und leitet den Vorsitz bei den periodischen Arbeitskreissitzungen. Als Ansprechpartner für alle Belange des innerbetrieblichen Umweltschutzes prüft er die gemachten Verbesserungsvorschläge der Mitarbeiter und des Arbeitskreises Umwelt. Alle realisierbaren Vorschläge werden für den Strategiekreis "Umwelt" zur Entscheidung vorbereitet oder aber in Abstimmung mit den Abteilungsleitern für die Abteilungsleiterbesprechung aufbereitet. Dem Umweltschutzbeauftragten obliegt weiterhin die Kontrollfunktion zur Umsetzung des betrieblichen Umweltprogramms. Er berichtet regelmäßig an den Geschäftsführer, erarbeitet verantwortlich die relevanten Informationen an die Mitarbeiter (Informationen am Schwarzen Brett) sowie an die Öffentlichkeit (Umwelterklärung). Als Mitglied des Strategie- und Steuerkreises "Umwelt“ hat er ein Einspruchsrecht bei geplanten bzw. umzusetzenden Maßnahmen, die gegen die Umweltleitlinien verstoßen.

**Umweltschutzdokumentation**

Die EU-Verordnung gibt vor, daß das Umweltmanagementsystem eines Unternehmens zu dokumentieren ist. Diese Dokumentation sollte erstellt werden mit Blick auf:

- eine umfassende Darstellung von Umweltpolitik, -zielen und -programmen
- die Beschreibung der Schlüsselfunktionen und -verantwortlichkeiten
- die Beschreibung der Wechselwirkungen zwischen den Systemelementen.

Des weiteren sind Aufzeichnungen zu erstellen, die die Einhaltung der Anforderungen des Umweltmanagementsystems belegen, inwieweit Umweltziele erreicht wurden.

## 9.13 Die Umwelterklärung

Die Umwelterklärung des Unternehmens repräsentiert die Ergebnise der einzelnen Projektphasen in knapper und für die Öffentlichkeit bestimmter Form. In Anlehnung an die EU-VO enthält die Umwelterklärung des Unternehmens folgende Aussagen:

- eine detailliertere Beschreibung der Leistungserstellung des Unternehmens mit Hinweisen auf die ökologische Relevanz der Betriebstätigkeit
- die Beurteilung der wichtigsten Umweltprobleme im Zusammenhang mit der betrieblichen Leistungserstellung
- eine Input-/Output-Darstellung mit einer Zusammenfassung der wichtigsten Zahlenangaben über Schadstoffemissionen, Rohstoffverbrauch, Abfallaufkommen, Energie- und Wasserverbrauch
- die Umweltpolitik des Unternehmens in Form von Umweltleitlinien
- eine Beschreibung der Aufbau- und Ablauforganisation des Umweltmanagementsystems
- eine Erklärung zur Fortschreibung der Aktivitäten sowie der regelmäßigen Teilnahme an der Umweltbetriebsprüfung.

Festzuhalten ist hier, daß erhebliche Spielräume bezüglich der Zahlenangaben zu Schadstoffemissionen, Abfallaufkommen etc. gegeben sind, da die Verordnung hier nur detaillierte Angaben verlangt, soweit „angemessen“.

## 9.14 Projektbeurteilung und Ausblick

Was wurde mit dem Öko-Audit erreicht? Welchen Nutzen konnte das Unternehmen für sich verbuchen? Zunächst war für das Unternehmen am wichtigsten, daß ihm Rahmen dieses ersten Umwelt-Audits die vorhandenen Umweltschwachstellen erkannt und Maßnahmen zu deren Beseitigung eingeleitet wurden. Darüber hinaus sind mit dem Aufbau eines praxisgerechten Umweltmanagentsystems die Voraussetzungen geschaffen worden, um den Umweltschutz kontinuierlich verbessern zu können, so wie es die EU-Verordnung vorsieht. Das Projekt brachte aber auch Erkenntnisse, wo Effizienzsteigerungen bei der Umsetzung von Öko-Audits möglich sind (vgl. Abbildungen 9-9, 9-10 und 9-11). Durch die Einbindung der Mitarbeiter und einer offenen Kommunikationspolitik wurde den Mitarbeitern die Bedeutung des innerbetrieblichen Umweltschutzes und ihrer aktiven Mitarbeit bewußt gemacht. Der Betrieb ist nunmehr in der Lage, sich einer Zertifizierung nach EU-VO zu stellen und wird sicherlich bei den ersten zertifizierten Unternehmen in Europa sein.

Abschließend sei erwähnt, daß der Gesamtaufwand für dieses erste Umweltaudit vergleichsweise hoch war, allerdings auch deshalb, weil die Berater auch mit der Entwicklung konkreter Verbesserungsmaßnahmen beauftragt wurden. Das Folge-Audit, dem sich das Unternehmen in ein bis zwei Jahren stellt, wird mit deutlich niedrigerem Aufwand möglich sein, da das Unternehmen ein Großteil der Aufgaben nun selbst übernehmen kann. Beratungskompetenz wird dann nur noch selektiv beispielsweise bei der Erstellung der Umwelterklärung sowie bei Bewertungsfragen (z. B. ökologische Relevanz veränderter Produktionsprozesse) notwendig sein oder aber bei der qualifizierten Umsetzung des mittel- und langfristigen Umweltprogramms.

## *Effizienzsteigerungen in den Projektphasen*

| Projektphase | Hinweise für Effizienzsteigerungen<br>- Methoden - |
|---|---|
| **Eröffnungssitzung** | - Einsatz Moderationstechnik<br>- Brainstormingmethoden<br>- Brainwritingmethoden<br>- Methoden der systematischen Strukturierung |
| **Planungs- und Organisationsphase** | - DV-Einsatz für alle Audit-Phasen<br>- DV-gestützte Interviewplanung<br>- Team-Arbeit exakt festlegen<br>- realistische Zeitplanung<br>- Erabeitung betiebsspezifischer Checklisten<br>- rechtzeitige Information der Mitarbeiter |
| **Informationsphase** | - Vorab-Zusendung betriebsspezifischer Checklisten an Management<br>- Vorab-Auswertung dieser Checklisten<br>- speziellen Fragekatatlog für Vorort-Begehung ausarbeiten |
| **Ist-Aufnahme** | - gezielte Vorort-Begehung (nach ABC-Analyse)<br>- Interviewtechniken variieren<br>- Organisationsdiagnose-Instrumente einsetzen<br>- Interview-Protokolle unterschreiben lassen |
| **Auswertungsphase** | - Cross-Check der Interviewergebnisse<br>- Widersprüche feststellen<br>- Verifizierung der Ergebnisse vornehmen |

Abbildung 9-9

## *Effizienzsteigerungen in den Projektphasen*

| **Projektphase** | **Hinweise für Effizienzsteigerungen - Methoden -** |
|---|---|
| **Schwachstellenanalyse** | - Ermittlung Stärken-/Schwächenprofile<br>- Kennzahlenvergleiche<br>- Umweltschutz-Standards heranziehen |
| **Maßnahmenplanung** | - Prioritäten diskutieren<br>- Kosten-/Nutzenanalyse<br>- ökologische Wertanalyse |
| **Entwicklung**<br>*** Umweltziele**<br>*** Umweltpolitik**<br>*** Umweltprogramm** | - Definition Umweltqualitätsziele<br>- Umweltpolitik mit 'Good Management-Praktiken abgleichen<br>- Umweltpolitik so präzise wie möglich definieren<br>- Umweltprogramm gemeinsam mit Geschäftsleitung diskutieren |
| **Aufbau Umweltmanagement-system** | - Prozesse definieren, Prozeßverantwortliche festlegen<br>- Funktionendiagramme entwickeln<br>- Umweltmanagementsystem verständlich für alle Mitarbeiter beschreiben<br>- gemeinsame Implementierung im Team und mit den Betroffenen |
| **Dokumentation** | - Umwelthandbuch in Anlehnungen an Systematik DIN ISO 9001 aufbauen |
| **Umwelterklärung** | - Inhalte mit Geschäftsleitung festlegen/abstimmen<br>- periodische Umwelterklärung mit Umweltbericht verbinden |

Abbildung 9-10

# 10 Öko-Audit - auch ein Instrument für den Handel?

Auch wenn die Öko-Audit-Verordnung der EU noch nicht für Dienstleistungsunternehmen und den Handel Gültigkeit besitzt, so ist das Instrument des Umweltmanagements gleichwohl für diese Branchen anwendbar und sowohl ökologisch als auch ökonomisch sinnvoll. Es ist eindeutig, daß sich durch ein Umweltmanagementsystem mit einer anschließenden ökologischen Betriebsprüfung die Effizienz von Umweltmaßnahmen erheblich steigern läßt und die verborgenen Kostensparpotentiale aufgedeckt werden. Unabhängig davon ist es gerade für den Handel als Mittler zwischen Hersteller und Verbraucher unumgänglich, sich den ökologischen Erfordernissen der Nachfrager anzupassen. Diese schwierige Aufgabe läßt sich für den Handel nur dann systematisch bearbeiten, wenn externe Fachleute beigezogen werden, da naturwissenschaftliche Kenntnisse - die gerade für die Überprüfung von Sortimenten, die im Handel angeboten werden, notwendig sind - in der Regel nur begrenzt vorhanden sind. Die naturwissenschaftlichen und ökonomischen Fragestellungen führen im Handel zwangsläufig dazu, daß externe Berater in Umweltmanagement-Projekte des Handels einbezogen werden müssen. Über das umweltfachliche Know-how hinaus müssen die Berater gerade im Handel die komplexen Strukturen des Einkaufsbereiches und der Abwicklung kennen, um maßgeschneiderte Lösungen, die auch den wirtschaftlichen Zielsetzungen des Handels standhalten, finden zu können. Eine weitere Voraussetzung für eine effektive Handelsberatung im Umweltschutzbereich sind die Kenntnisse der Produkte, deren Produktion und der eingesetzten Verpackungen. Bei einem hohen Anteil von Auslandslieferanten ist es unumgänglich, daß auch Produktionsverfahren (zum Beispiel in Fernost) identifiziert und bewertet werden können. Nur so ist eine fach- und sachgerechte Unterstützung des Handels effektiv machbar.

Die NECKERMANN VERSAND AG als drittgrößter Versender in der Bundesrepublik Deutschland hat die Chancen, die in einer ökologischen Öffnung liegen, frühzeitig erkannt und bereits 1989 mit dem systematischen Aufbau eines Umweltmanagementsystems begonnen. Die Impulse für eine solche Entscheidung kamen sowohl von Geschäftsleitung/Mitarbeitern und Kunden als auch von ökologisch vordenkenden Lieferanten der NEKKERMANN VERSAND AG. Für einen vorausschauenden Vorstand war es deshalb selbstverständlich, die Signale aufzunehmen und zu systematisieren. Aus heutiger Sicht zeigt sich, daß dieser Schritt unumgänglich war, denn die Gesetzgebung und die Ansprüche der Kunden verlangen nach ökologischen Mehrleistungen des Versandhandels. Alle Versandhaus-Unternehmen sind mittlerweile im Umweltschutzbereich einem dynamischen Wettbewerb ausgesetzt. Das heißt, Versandhauskunden werden in bezug auf Produkt- und Versandhausleistung regelmäßig über ökologische Optimierungsmaßnahmen informiert. Dementsprechend steigt die Erwartungshaltung der Kunden auf ein hohes Niveau an, das sich im Stationären Handel (Kaufhäuser) in dieser Intensität noch nicht darstellt. Aufgrund dieser Wettbewerbsbedingungen werden Versandhäuser zu den ersten im Handel gehören, die ein Öko-Audit nach EU-Verordnung durchführen.

## 10.1 Das Umweltschutzmanagementsystem der NECKERMANN VERSAND AG

Im Gegensatz zum produzierenden Gewerbe hat der Versandhandel zwei Schwerpunkte, die aus ökologischer Sicht betrachtet werden müssen. Dies ist zum einen das **Sortiment (Produkte)** und zum anderen die **Dienstleistung Versand**. In diesen beiden Feldern sind ökologische Zielsetzungen nach innen und außen durchsetzbar. Das Umwelt-Management-System besteht deshalb aus den Elementen **ökologische Sortiments-Analyse** und **Überwachung, ökologische Betriebsprüfung der Logistik und Verwaltung, Öko-Controlling,**

**Lieferanten-Dialog** , **Öffentlichkeitsarbeit** und **Mitarbeiterschulung**. Mit diesen Instrumenten soll die ökologische Zielsetzung des Unternehmens und die wirtschaftliche Leistungsfähigkeit langfristig gesichert werden. Als Regel gelten für das Unternehmen die **Umwelt-Leitlinien** (siehe Abbildung 10-1), die für jeden Mitarbeiter verbindlich sind. Damit wird auch der ganzheitliche Ansatz des Umweltmanagement bei NECKERMANN festgelegt. Die Umwelt-Leitlinien sind die qualitativen Vorgaben für ein umweltschützendes Unternehmen. Sie sind nicht dafür gedacht, Detailvorgaben festzulegen oder gar einzelne Umweltprogramme zu definieren. Der Grundsatz von Umwelt-Leitlinien ist die Durchdringung aller Geschäftsbereiche mit der unternehmenseigenen Umweltphilosophie, die im groben Rahmen aufzeigen soll, daß ein ganzheitlicher Umweltschutz gefordert wird. Die sechs Umwelt-Leitlinien der NECKERMANN VERSAND AG dokumentieren in erster Linie, daß der Schutz der Umwelt ein gleichrangiges Unternehmensziel darstellt und, wo immer möglich, umweltverträgliche Lösungen gesucht und umgesetzt werden sollen. Daß dabei der wirtschaftliche Hintergrund zu bewerten ist, stellt - wie die Erfahrung zeigt - keine Diskrepanz dar. Dies gilt insbesondere dann, wenn alle Maßnahmenpakete, die sich durch die Umwelt-Leitlinien rechtfertigen, durch die betriebswirtschaftliche Überprüfung in kurz-, mittel- und langfristige Umsetzungspläne eingebettet werden können.

## *Unsere Umweltleitlinien*

„Wir sind uns bewußt, daß unsere wirtschaftlichen Ziele auf Dauer nur bei schonendem Umgang mit unserer Umwelt zu erreichen sind. Der Schutz von Wasser, Boden, Luft sowie die sparsame Nutzung von Rohstoffen sind deshalb Bestandteil unserer Geschäftspolitik. Wir unterstützen und planen daher Maßnahmen zur Verbesserung der Umweltsituation zum Vorteil von Natur und Mensch."

1. Wir verstehen den Schutz der Umwelt als gleichrangiges Unternehmensziel und als Teil unserer Verantwortung gegenüber Mitarbeitern, Kunden und Anteilseignern.

2. Wir wollen die Aufgabenstellung aller Unternehmensbereiche umweltverträglicher lösen, wobei wir uns an den marktwirtschaftlichen und technischen Möglichkeiten und Entwicklungen orientieren.

3. Wir werden bei der Auswahl unserer Sortimente darauf achten, daß Herstellung, Gebrauch bzw. Verbrauch sowie Entsorgung möglichst umweltschonend erfolgen.

4. Wir werden unsere Mitarbeiter durch Information und Schulung zu umweltbewußtem Handeln am Arbeitsplatz und im Privatbereich motivieren.

5. Wir werden unsere Kunden und die interessierte Öffentlichkeit über Maßnahmen zum Schutz der Umwelt sachlich infomieren.

6. Wir werden Konflikte so zu lösen versuchen, daß wir dem Ziel, die Umwelt zu schonen, soweit wie möglich Rechnung tragen. Konstruktive Kritik wollen wir bei unseren Entscheidungen berücksichtigen.

**Abbildung 10-1**

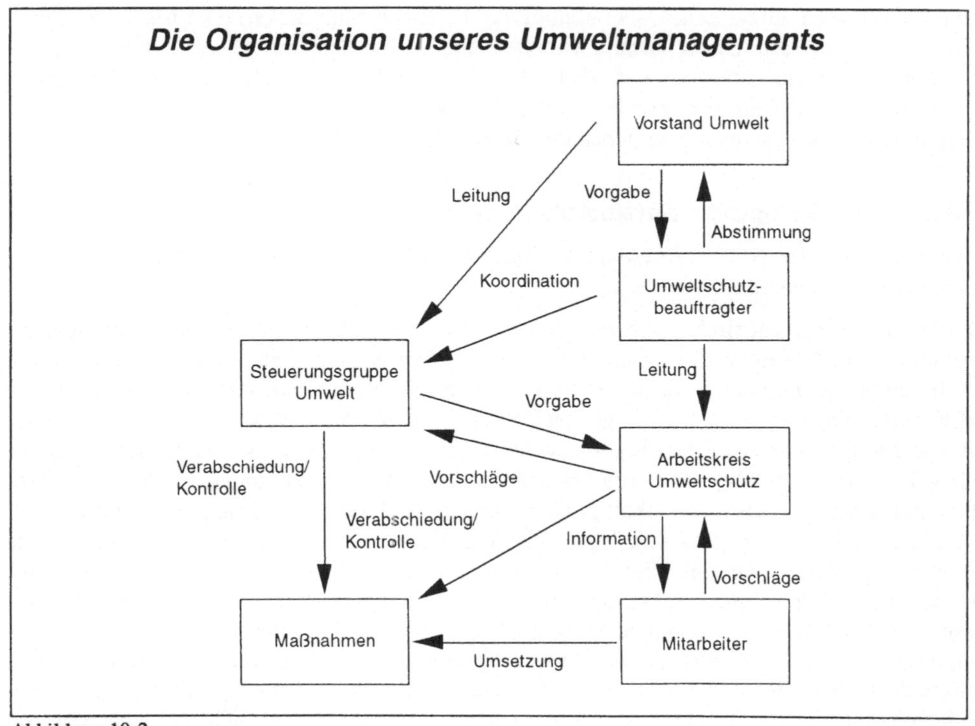


Abbildung 10-2

Der organisatorische Rahmen zur Umsetzung der Umwelt-Strategie ist so gestaltet, daß alle Bereiche des Unternehmens involviert sind (siehe Abbildung 10-2). Als zentrale Anlaufstelle fungiert die **Umweltkoordination** mit dem Umweltschutzbeauftragten an der Spitze. Im Vorstand ist ein Vorstandsmitglied auch für den Umweltschutz verantwortlich und zuständig. Unterstützt werden Umweltschutzbeauftragte und Vorstand durch die **Steuerungsgruppe Umwelt**, in der 14 leitende Mitarbeiter aller Bereiche strategische Maßnahmen zum Umweltschutz planen und Grundsatzentscheidungen treffen. Der **Arbeitskreis Umweltschutz**, dem ebenfalls Vertreter aller Bereiche angehören, überprüft vorgeschlagene Maßnahmen auf Realisierbarkeit und entwickelt Umsetzungspläne. Insbesondere bewertet er Mitarbeitervorschläge und informiert die Mitarbeiter über die Aktivitäten hinsichtlich des Umweltschutzes im Unternehmen. Zusätzlich werden für spezielle Themen **kleinere Umweltschutz-Fach-Arbeitskreise** eingesetzt, um Detailprobleme (zum Beispiel Elektronik-Schrott, Mehrweg-Transportsysteme) zu lösen. Daneben gibt es einen **Arbeitskreis der Auszubildenden**, der sich mit Umweltschutzfragen beschäftigt und Maßnahmenvorschläge den zuständigen Stellen unterbreitet.

Die breite Einbindung und Motivation aller Mitarbeiter ist für ein funktionierendes Umweltschutzmanagementsystem im Unternehmen unumgänglich. Nur über den ständigen Dialog mit den Menschen im Unternehmen können die Ziele der Umweltschutz-Strategie erfolgreich umgesetzt werden. Die Integration aller Unternehmensbereiche und deren Mitarbeiter in das Umweltschutzmanagementsystem erfordert vor allem die Berücksichtigung von unterschiedlichen Voraussetzungen hinsichtlich Bewußtseinsbildung, Willen zur Veränderung und Bereitschaft zum Umdenken. Dies ist erfahrungsgemäß die schwierigste Klippe, die es in Unternehmen zu umschiffen gilt. Umweltschutz von oben oktroyiert - ohne Basisarbeit, ohne Einbeziehung des Personals und ohne offene Kommunikation - ist zum Scheitern verurteilt. Die Widerstände von Teilen der Belegschaft sind nicht per Diktat zu unterbinden, sondern nur durch Gespräche aufzulösen. Dabei kommt den leitenden Mitarbeitern eine besondere Funktion zu. Sie müssen Umweltschutz vorleben und in ihr tägliches Handeln einbinden. Es kommt dabei nicht darauf an - im Gegenteil, dies wäre kontraproduktiv - perfektionierten Umweltschutz zu betreiben, sondern mit Schwächen und Stärken den Weg zum umweltfreundlichen Unternehmen vorzuleben und darzustellen.

## 10.2 Die ökologische Sortimentsanalyse

Das Sortiment der NECKERMANN VERSAND AG wird in zwei grundlegende Bereiche eingeteilt: Textilien und Hartwaren.

Im textilen Sortiment finden sich zum Beispiel Damen- und Herrenoberbekleidung, Kinderbekleidung und Wäsche. Die Produktion von Textilien ist sehr komplex, und von der Rohstofferzeugung bis zum fertigen Textil werden mehrere Tausend verschiedene chemische Hilfsmittel eingesetzt. Analog des ganzheitlichen Ansatzes der NECKERMANN VERSAND AG wurde mittels eines **Fragebogens** (siehe Abbildung 10-3) eine weltweite Befragung bei allen Lieferanten durchgeführt. Hierbei kam es darauf an, den gesamten Produktionszyklus bis zum fertigen Textil unter ökologischen Gesichtspunkten zu dokumentieren und ein entsprechendes Handbuch „Textilökologie" als Grundlage für Veränderungen zu erstellen. Die Bewertungsfaktoren für eine ökologische Verbesserung der textilen Kette sind die objektive Belastung der Umweltmedien Wasser, Luft und Boden und das Vorhandensein von Alternativen. Zusätzlich wurde noch einmal zwischen hohen und niedrigen Investitionskosten der Textilproduzenten für eine ökologische Umstellung unterschieden, um auch den Zeitfaktor von möglichen Maßnahmen bewerten zu können. Die Beantwortung der sehr umfangreichen Fragebögen war vielen angeschriebenen Unternehmen im ersten Schritt nicht möglich oder von ihnen nicht gewollt. In Produktionsbereichen, in dem eine hohe Zahl von Vorlieferanten eingebunden sind, mußten die Fragebögen etliche Adressen durchlaufen, was die Beantwortung vom Zeithorizont her erheblich verschoben hat. Ein weiteres Problem war die Akzeptanz des Fragebogens. Etliche Unternehmen wollten sich nicht in ihre Karten schauen lassen und lehnten die Beantwortung ab. Zudem wurden Medien eingeschaltet, die öffentlich die Fragebogenaktion der NECKERMANN VERSAND AG diskreditieren sollten. Wie sich heute zeigt, haben gerade diese Branchen kurzfristig gelernt und sind heute ebenfalls bemüht, Produktion und Produkte unter ökologischen Gesichtspunkten zu verbessern und dies der Öffentlichkeit auch darzustellen. Aufgrund dieser Probleme bei der Fragebogenerhebung mußten sich die Umweltexperten bei der Datenerhebung zusätzlich auf Literaturrecherchen, Prüfungen vor Ort und Kenntnisse der Einkäufer und der Qualitätssicherung der NECKERMANN VERSAND AG beziehen. Dieses Vorgehen hat den Arbeitsaufwand beeinflußt, aber nicht das Ergebnis.

## *II Herstellung (insbesondere Veredelung)*

1. Wird beim Entschlichten, Abkochen, Waschen noch APEO (Alkylphenolethoxylat) oder EDTA (Ethylendiamintetraacetat) eingesetzt?
   bitte ankreuzen: ja .....
   nein .....

2. Welche Spinnöle setzen Sie ein?
   bitte ankreuzen: biologisch abbaubare .....
   auf Mineralölbasis .....

3. Werden synthetische Schlichtmittel oder Mittel auf Stärkebasis als Schlichtmittel eingesetzt?
   bitte ankreuzen: synthetische Schlichtemittel .....
   Mittel auf Stärkebasis .....

4. Werden die synthetischen Schlichtemittel durch einen Recyclingprozeß wiederverwendet?
   bitte ankreuzen: nein .....
   ja .....

5. Werden die Fasern gebleicht?
   bitte ankreuzen: nein .....
   ja ..... Bleichmittel ......................

6. Werden bei der Färbung die in Anlage 1.1 aufgeführten Farbstoffe angewendet?
   bitte ankreuzen: nein .....
   wenn ja, welche ................................

7. Kommen die in Anlage 1.2 aufgeführten Färbehilfsmittel zum Einsatz?
   bitte ankreuzen: nein .....
   wenn ja, welche ...............................

Abbildung 10-3

Jeder Einkaufsbereich im Textilsektor wurde mit einem **Handbuch**, das für das Einkaufssortiment alle relevanten Umweltinformationen enthält, ausgestattet. In **Workshops** für die Einkaufsleiter und Mitarbeiter des Zentraleinkaufs konnten jetzt die konkreten Maßnahmen diskutiert, die Informationen vertieft und Fragen beantwortet werden. Die Ergebnisse der Workshops und damit auch die Verwirklichung der Zielsetzung zeigen sich in den Veränderungen des Einkaufverhaltens. In Bereichen, wo eine kurzfristige Veränderung nicht möglich ist, gibt es Dialoginformationen für die Einkäufer, die damit die Lieferanten ständig informieren und so für die Umwelt sensibilisieren. Zusätzlich werden neue Lieferanten gesucht, die ein ökologisch optimiertes Produktangebot liefern können.

Das **Hartwaren-Sortiment**, zu dem u. a. Möbel, Kühlschränke, Waschmaschinen, Unterhaltungselektronik und Gartenartikel gehören, wurde ebenfalls gesamthaft von der Rohstoffbeschaffung bis zur Entsorgung überprüft. Dies geschah ebenfalls mit **Fragebögen** und mit dem entsprechenden **Expertenwissen**. Für alle Einzelbereiche des Hartwaren-Sortiments wurden jeweils **Handbücher** erstellt, die alle wesentlichen ökologischen Schwachstellen dokumentieren und Verbesserungsvorschläge darstellen. Insbesondere kam es darauf an, bei den **Elektrogeräten den Energieverbrauch** während der Nutzungsphase, der immerhin 90 % des Gesamt-Energieverbrauchs beträgt, zu reduzieren, **problematische Einsatzstoffe zu substituieren** und die **Entsorgungsmöglichkeiten bzw. Wiederverwertungsraten zu steigern**. Bei Produkten mit Kunststoffanteil soll die **Vielfalt der Kunststoffe vermindert** und alle **Kunststoffe gekennzeichnet** werden.

In Workshops mit den zuständigen Einkaufsabteilungen wurden die Handbücher erläutert und die möglichen Alternativen bewertet. Hieraus sind entsprechende Anforderungen an die Produkte erarbeitet worden, die den Einkäufern als Vorgaben dienen (siehe Abbildungen 10-4 und 10-5).

Der Lieferantendialog, das zeigt die Erfahrung, ist Voraussetzung für ökologische Veränderungen, denn per Diktat sind nachhaltige Veränderungen nur schwer durchsetzbar. Deshalb wurden und werden in allen Hauptlieferländern für die Bereiche Textilien und Hartwaren **Lieferantendialog-Veranstaltungen** durchgeführt, um gerade ausländische Lieferanten über die Umweltzielsetzungen des Unternehmens zu informieren. Im Dialog mit den Lieferanten (Lieferanten-Dialog-Seminar) kommt es darauf an, den ausländischen Lieferanten darzustellen, daß in der Bundesrepublik Deutschland hinsichtlich der Umweltentwicklung bei den verschiedenen Anspruchsgruppen ein erheblicher Unterschied zu anderen EU-Ländern besteht. Deshalb ist es sehr wichtig, in solchen Seminaren darzustellen, daß die deutsche Bevölkerung Umweltleistungen und umweltadäquate Produkte fordert und dies mit entsprechender Nachfrage honoriert. Weiterhin ist die Umweltpolitik in Deutschland detailliert vorzustellen, und Gesetze und Verordnungen, die sich letztendlich auch auf die Lieferanten auswirken, sind zu erklären. Die ökologischen Fragestellungen zur Produktion und zu Produkten sind so zu kommunizieren, daß von den angesprochenen erkannt wird, daß Ökologie sich auf den Gesamtlebensweg eines Produktes bezieht und in Teilschritten der Gesamtlebensweg ökologisch optimiert werden muß. Alternativen zu heutigen Produktionsprozessen und Produkten müssen dezidiert dargestellt werden und von Fachleuten muß der Weg für mögliche Veränderungen nachvollziehbar dokumentiert werden.

## *Einkaufsvorgaben für Hartwaren*

**Kunststoffe**

- Kennzeichnung der Kunststoffteile größer 10 g nach DIN 54 840
- Verzicht auf PVC, soweit wirtschaftlich vertretbar (Prüfung der Kosten pro Artikel)
- genereller Verzicht auf den Einsatz schwermetallhaltiger Kunststoffe für den Innenbereich (Ausnahme: Blei in Kabelisolierungen)
- genereller Verzicht auf schwermetallhaltige Farbpigmente
- Verzicht auf die Verwendung von FCKW beim Aufschäumen von Kunststoffen

**Metalle**

- Verzicht auf FCKW's bei der Oberflächenvorbehandlung (Entfettung)
- Verzicht auf CKW's bei der Entfettung, soweit die Entfettung nicht in geschlossene Anlagen bei Rückführung und Aufbereitung der CKW's durchgeführt wird
- Verzicht auf chlorhaltige Kunststoffbeschichtungen (z.B. PVC)

**Holz**

- Ausschließliche Verwendung von Spanplatten, die der E1-Norm entsprechen
- Verzicht auf PVC-beschichtete Holzwerkstoffe (Ausnahme: Umleimer)
- Verzicht auf Tropenholz (auch Plantagenholz)
- Verzicht auf Holzschutzmittelwirkstoffe für Produkte, die im Innenbereich verwendet werden
- Verzicht auf die folgende Holzschutzmittelwirkstoffe:
  * Lindan, Furmecyclox, Endosulfan, Carbendazim, Ethylparathion, Phoxim
  * Hexachlorbenzol, DDT, Pentachlorphenol, Quecksilber- und
  * Arsenverbindungen, Steinkohleteerimprägnieröle

**Lackierung**

- Verzicht auf schwermetallhaltige Farbpigmente
- Verzicht auf schwermetallhaltige Farben/Lacke für den Innenbereich
- Verzicht auf folgende Korrosionsschutzmittel:
  * Zink- oder Bleichromate, andere Bleiverbindungen
  * Chrom VI, Cadmium

**Kühl- und Isolierflüssigkeiten für Kondensatoren und Transformatoren**

- Verzicht auf folgende Kühl- und Isolierflüssigkeiten:
  * Polychlorierte Biphenyle (s. PCB-, PCT-, VC-VerbotsVO vom 18.7.1989)
  * Chlorbenzole, Alkylierte Biphenyle, Oligochlorbenzyltoluole
  * Chlorierte Paraffine, Benzyl- und Dibenzyltoluole

Abbildung 10-4

## *Dialog und Empfehlungen für Hartwaren*

**Kunststoffe**

- Bevorzugung von chlorfreien Kunststoffen
- Bevorzugung von Poyethylen PE und Polypropylen PP
- Bevorzugung von Produkten/Teilen aus Sekundärkunststoffen (Herkunft des Sekundärkunststoffe wegen möglicher Schadstoffkontamination erfragen)

**Metalle**

- Bevorzugung von Produkten bzw. Teilen, bei denen sich nicht mit den Metallen verwertbare Materialien leicht abtrennen lassen

**Holz**

- Bevorzugung von Holzteilen für den Außenbereich, die in geschlossenen Systemen und nicht durch offene Sprühverfahren imprägniert wurden
- Bevorzugung von Spanplatten, die auch im unbeschichteten Zustand der E1 Norm entsprechen
- Bevorzugung von Vollholz, das stichprobenartig auf Holzschutzmittel-Rückstände überprüft wird

**Lackierung**

- Bevorzugung von Produkten/Teilen, die pulverlackiert sind
- Bei Verwendung von Naßlacken: Bevorzugung von Produkten/Teilen, die mit lösemittelfreien oder lösemittelreduzierten Farben/Lacken lackiert wurden
- Bevorzugung von Produkten/Teilen, bei deren Lackierung Lackierverfahren mit geringem Lackschlammanfall angewendet wurden

**Kühl- und Isolierflüssigkeiten für Kondensatoren und Transformatoren**

- Bevorzugung von Polyglykolen, Polydimethylsiloxane (PDMS) oder Pentaerythriester als Kühl- und Isolierflüssigkeiten für Kondensatoren und Transformatoren (nicht überall einsetzbar)

**Flammschutzmittel (FSM)**

- Bevorzugung von Produkten, die aufgrund konstruktiver Maßnahmen (Metallauskleidung o.ä.) keine FSM benötigen
- Wenn FSM, Bevorzugung von Produkten mit bromfreien FSM

**Abbildung 10-5**

## 10.3 Die Verpackungen - im Versandhandel von großer Bedeutung

Neben den Produkten spielt die **Verpackung** im Versandhandel eine wesentliche Rolle. Auch hier wurde auf ökologisch-verbesserte Packmaterialien umgestellt. Unter der Prämisse, daß die Produkte alle Transporte einwandfrei und unbeschädigt überstehen müssen, wurden Verpackungsmaterialien im Gewicht minimiert, bestimmte Stoffe eliminiert und, wo möglich, auf Mehrwegverpackungen umgestellt. Dabei muß berücksichtigt werden, daß es verschiedene Distributionswege gibt, der Transport vom Lieferanten zum Lager des Versandhauses, vom Versandhaus zu den Verkaufshäusern und vom Versandhaus zu den Kunden.

Lieferanten bekommen exakt vorgegeben, in welcher Verpackung - was Gewicht, Material, Kennzeichnung und Abmessung anbelangt - die Ware zu liefern ist. Dabei gilt als Voraussetzung, daß **Recyclingmaterialien, gewichtsreduzierte Verpackungen** und, wo möglich, **Mehrwegverpackungen** eingesetzt werden. Der **interne Transport** der Produkte von den Lägern bzw. zu den Verkaufshäusern wird überwiegend mit Mehrweg-Transportverpackungen durchgeführt. Die **Auslieferung der Waren über den Versand** an die Kunden erfolgt mit Versandkartons, die aus 100 % Altpapier bestehen und mittlerweile von der Vollpappschachtel auf die Wellpappschachtel umgestellt worden sind. Darüber hinaus werden Polstermöbel in einer **Mehrwegverpackung aus Flachs** - also ein nachwachsender Rohstoff - ausgeliefert. Schuhe werden im **Baumwollsack** anstatt im Pappkarton verschickt. Langfristig ist es nicht ausgeschlossen, daß auch der Versandhauskunde mit Mehrwegverpackungen beliefert wird.

## 10.4 Ökologische Betriebsprüfung der Verwaltung und Logistik

Die Dienstleistung Versand ist nur mit vielfältigen und sehr unterschiedlichen Leistungen zu erbringen (siehe Abbildung 10-6).

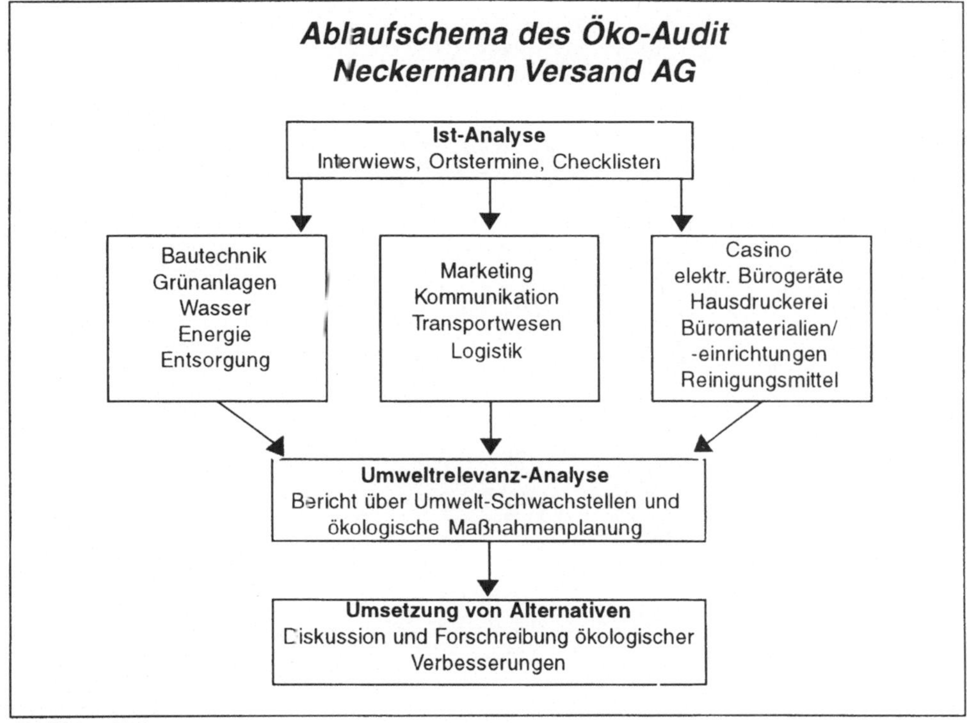


Abbildung 10-6

Mit den Instrumenten des Öko-Audits wurden alle Geschäftsbereiche einer **IST-Analyse** unterzogen. Jeder einzelne Bereich wurde von Umweltexperten gemeinsam mit den Bereichsverantwortlichen im Detail durchleuchtet. Dazu gehörten zum Beispiel die Erhebung der **Stoffflüsse, der eingesetzten Energie**, die **Wasserverbräuche** und die **Bandlaufzeiten.** Über Alternativen wurde im Vorfeld bereits gemeinsam mit den Bereichsmitarbeitern diskutiert, um möglichst realistische und für die Umsetzung geeignete Lösungen darzustellen. Im **Logistikbereich** beispielsweise konnte sehr schnell festgestellt werden, daß der Anteil des Binnenschiffes von 2 % auf 12 % in der Eingangsfrachtbelieferung zu steigern war. Damit werden pro Jahr 5.000 Lkw-Fahrten eingespart - mit dem entsprechend ökologischen Effekt (siehe Abbildung 10-7).

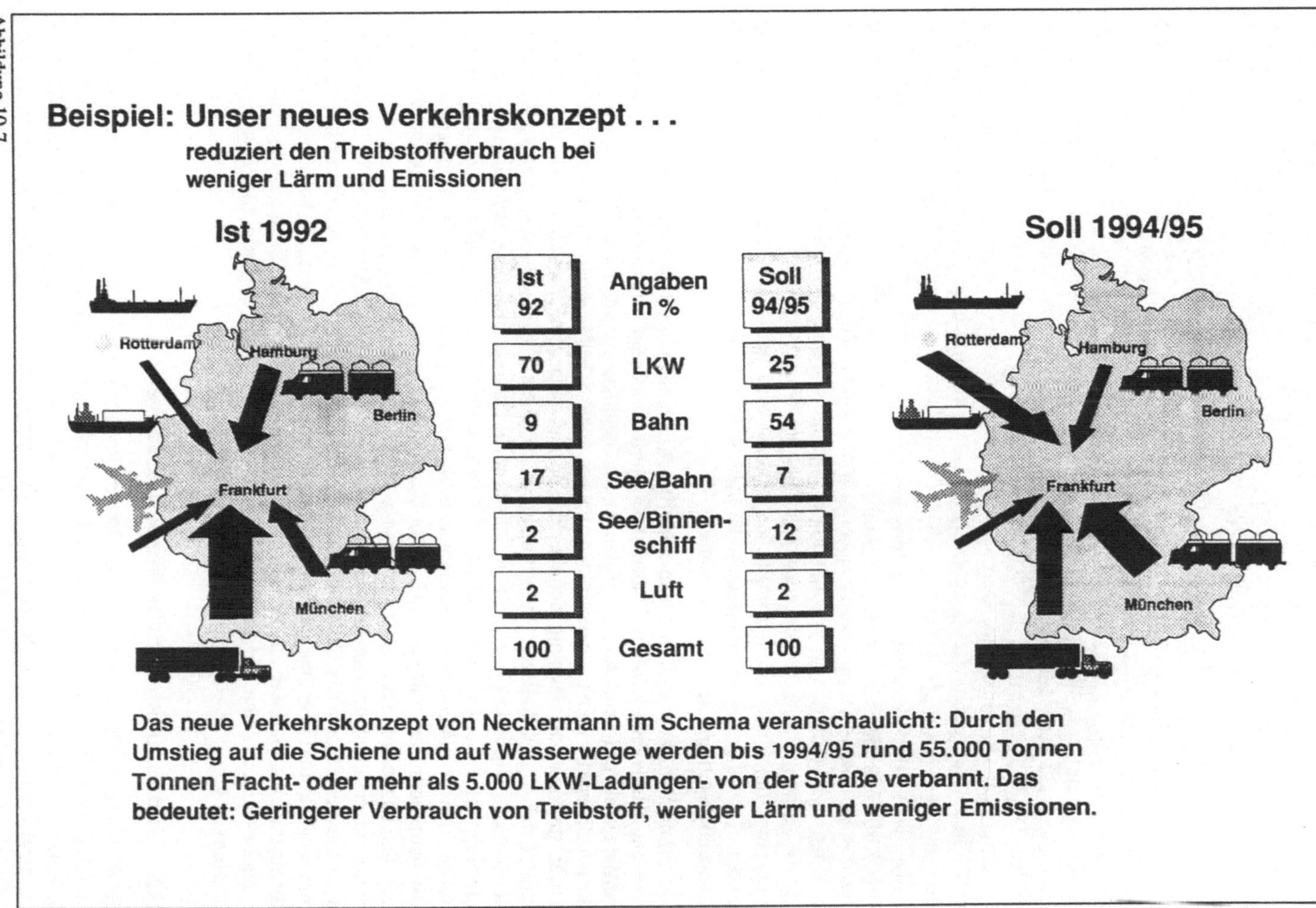


| Ist 92 | Angaben in % | Soll 94/95 |
|---|---|---|
| 70 | LKW | 25 |
| 9 | Bahn | 54 |
| 17 | See/Bahn | 7 |
| 2 | See/Binnenschiff | 12 |
| 2 | Luft | 2 |
| 100 | Gesamt | 100 |

Abbildung 10-7

**Im Bauwesen** - hier besonders beim Einsatz der Materialien - konnten besonders ökologisch problematische Stoffe kurzfristig ersetzt werden, wobei die Kriterien den Gesamtlebensweg der Materialien - von der Rohstofferzeugung bis zur Entsorgung - berücksichtigen (siehe Beispiel). Dies macht auch Sinn, denn sowohl die Energiepreise als auch die Entsorgungskosten werden in Zukunft erheblich steigen und die frühzeitige Integration dieser Entwicklung in die Unternehmensentscheidungen entlastet nicht nur die Umwelt, sondern spart auch Geld im Unternehmen. Das **Betriebskasino** wurde ebenfalls einer ökologischen Überprüfung unterzogen. Dabei wurde der Lebensmitteleinkauf, der anfallende Abfall, die verbrauchte Energie, die eingesetzten Reinigungsmittel, die Arbeitsorganisation und die Getränkeautomaten berücksichtigt. Begleitend hierzu fand eine Umfrage bei allen Kasino-Besuchern statt, inwieweit sie Produkte aus dem biologisch-dynamischen Landbau zu etwas höheren Kosten akzeptieren würden. Die Umfrage ergab, daß sich eine überwiegende Mehrheit für Lebensmittel aus dem umweltschonenden Anbau im Kasino - trotz höherer Kosten - ausgesprochen hat. Entsprechende Produkte werden jetzt permanent angeboten, zusätzlich werden auch ökologische Produkte für den Außer-Haus-Verkauf für die Mitarbeiter angeboten. Einweg-Verpackungen werden im Kasino nicht mehr eingesetzt und auf Einweg-Geschirr wird ebenfalls verzichtet. Eine Aufnahme der bestehenden **Grünanlagen** gehörte ebenfalls zum Audit, um insbesondere das Mikroklima mittelfristig verbessern zu können. Die Analyse der bestehenden Flächen hat dazu geführt, daß Feuchtbiotope angelegt wurden, daß teilweise Dächer extensiv begrünt werden, Flächen entsiegelt werden, um die Wasserversickerung zu ermöglichen, Regenwasser zum Gießen der Grünflächen benutzt wird und alle Gartenabfälle kompostiert werden. Der Einsatz von Streusalz findet nicht mehr statt, das gleiche gilt für die chemische Pflanzenbehandlung, die ebenfalls entfällt.

Alle erhobenen Daten sind in einem **Handbuch**, das nach Bereichen unterteilt ist, dokumentiert. Die daraus entwickelten Alternativen wurden in Gesprächen mit den Bereichs-Verantwortlichen abgestimmt und die geplanten Maßnahmen protokolliert. Die Umsetzung wird jährlich überprüft und fortgeschrieben. Dieser erste Schritt zur gesamthaften ökologischen Betriebsprüfung und -lenkung richtete sich primär nach dem qualitativen Ansatz, um möglichst kurzfristig ökologische Entlastungen zu erreichen. Eine quantitative Datenerhebung für alle Bereiche wurde in diesem ersten Schritt noch nicht durchgeführt. Allerdings ist dies bereits eingeleitet und wird unter Abschnitt 5 dargestellt. Für alle Bereiche der Zentrale wurden wie bei den Sortimenten entsprechende Einkaufsbedingungen und Handlungsanweisungen bzw. -empfehlungen erarbeitet und in den Handbüchern dokumentiert. Die sukzessive Umsetzung hat begonnen. Das heißt, die Vorgabe der Öko-Audit-Verordnung, ein Umweltprogramm zu erstellen und umzusetzen, ist bereits bei der NECKERMANN VERSAND AG durch die Installation des Umweltmanagementsystems erfolgt. Jede Abteilung hat eine klar umrissene ökologische Optimierungsgrundlage, die auch auf die Lieferanten, zum Beispiel Möbelhersteller, Gärtnereien, Farben- und Lackeproduzenten, aber auch auf die Handwerker im Hause wirken. Denn für alle Produkte und Arbeiten liegen abgestimmte Vorgaben in den Abteilungen vor.

## 10.5 Kommunikation der Umweltleistungen

Die Einbindung aller Beteiligten vom Mitarbeiter über den Lieferanten bis zum Kunden ist Voraussetzung für ein funktionierendes Umweltmanagementsystem, das letztendlich von der Akzeptanz der beteiligten Gruppen lebt. Deshalb hat die NECKERMANN VERSAND AG mit einem umfangreichen Kommunikationskonzept das Strategische Umweltmanagement frühzeitig unterstützt. Die Mitarbeiter werden ständig über eine Zeitung mit dem Titel **„Umwelt Aktuell"** zu Umweltthemen informiert.

Dabei kommt es besonders darauf an, die Mitarbeiter dazu zu motivieren, Verbesserungsvorschläge einzureichen, und sie auch in ihrem privaten Umfeld für Umweltmaßnahmen anzuregen. Zusätzlich werden die Mitarbeiter direkt am Betriebskasino über eine große **„Umwelt-Wand“** auf die Umweltveränderungen im Unternehmen aktuell hingewiesen. Ein aktives Vorschlagswesen, Preisausschreiben und Dialoge mit den Mitarbeitern unterstützen diese Kommunikation.

Die Information und Sensibilisierung der Lieferanten findet über Dialogveranstaltungen und persönliche Gespräche der Einkäufer mit den Lieferanten statt. Zum einen werden konkrete Bedingungen vertraglich fixiert, zum anderen werden Problembereiche angesprochen und Veränderungen für die Zukunft dokumentiert. Darüber hinaus gibt es branchenweite Lieferanten-Dialog-Seminare, in denen das Umweltanforderungsprofil der NECKERMANN VERSAND AG dargestellt wird.

Die Kommunikation mit den Kunden wird in erster Linie über den Versandhauskatalog geführt. Die NECKERMANN VERSAND AG ist der Meinung, daß auch hier die Prioritäten auf dem Sortiment und auf der Dienstleistung Versand liegen müssen und die Kunden zum umweltadäquaten Handeln motiviert werden sollten. Der NECKERMANN-Versand-Katalog enthält bereits zahlreiche ökologisch-optimierte Warenangebote, die mit einem speziellen Logo gekennzeichent werden. Die Kriterien für die Vergabe des NECKERMANN-Umwelt-Logos sind sehr weitreichend und wurden bereits von der Zeitschrift **„Öko-Test“** positiv bewertet (siehe Abbildung 10-8).

## *Richtlinien*

für die Vergabe und den Einsatz des Neckermann-Umweltzeichens für angebotene Produkte:

1. Das Neckermann-Umweltzeichen soll dem Kunden als Entscheidungshilfe für umweltbewußten Einkauf dienen.

2. Das ausgezeichnete Produkt muß im Vergleich zu anderen Produkten mit gleichem Gebrauchsnutzen Umweltvorteile bieten.

3. Bei der Beurteilung der Umweltverträglichkeit sind alle Lebensphasen des Produktes zu berücksichtigen:
   - die Rohstoffe und deren Gewinnung
   - die Herstellung des Produktes
   - der Gebrauch bzw. Verbrauch
   - die Entsorgung des Produktes.

4. Die Umweltvorteile des Produktes sollen sich auf alle oder mindestens mehrere Lebensphasen des Produktes beziehen.

5. Die Umweltvorteile des Produktes bemessen sich nach dem Stand der Technik (Existenz von Verfahren und Materielien) und nach Marktgegebenheiten (Existenz von Anbietern, Kosten/Preisen).

6. Entspricht ein Produkt lediglich Gesetzen und Verordnungen, kann allein aus diesem Grund kein Neckermann-Umweltzeichen vergeben werden.

7. Der Einsatz anderer Umweltzeichen neben dem Neckermann-Umweltzeichen soll sich auf Zeichen mit großem Bekanntheitsgrad beschränken (z. B. Blauer Engel).

8. Die Umweltvorteile sollen direkt in Verbindung mit dem Umweltzeichen erläutert werden.

9. Der Einsatz des Neckermann-Umweltzeichens sowie Aussagen mit Umweltbezug sind rechtzeitig vor Werbemittelerstellung mit dem Umweltschutzbeauftragten abzustimmen.

**Abbildung 10-8**

Eine Prüfung der Waren nach diesen Kriterien wird von Umweltexperten und der Qualitätssicherung der NECKERMANN VERSAND AG durchgeführt und bei positiver Bewertung im Katalog entsprechend herausgestellt. Mit dem Umwelt-Button zeichnet die NECKERMANN VERSAND AG Produkte aus, die in der Regel einen bestimmten Umwelt-Vorteil aufweisen, also in der ökologischen Optimierungsphase am Anfang stehen.

Die NECKERMANN VERSAND AG hat sich besonders in der Kommunikation für Kinder und Jugendliche engagiert. Denn nach dem altbekannten Sprichwort: „Was Hänschen nicht lernt, lernt Hans nimmermehr" soll der Umweltschutz-Gedanke bereits bei Kindern gefördert werden. Dies geschieht bei NECKERMANN auf zwei Ebenen: Zum einen werden Aktionen von Verbänden und Vereinen unterstützt - so wurde der **natur**-Kindergipfel 1993 als Hauptsponsor ideell und materiell gefördert -, auf der anderen Kommunikationslinie werden eigene Aktionen entwickelt und durchgeführt. So konnten in den Jahren 1992 und 1993 über 10.000 Schulen mit einer Schulgarten-Aktion zum Mitmachen motiviert werden. Zielsetzung war hier, die Idee des Schulgartens unter ökologischen Gesichtspunkten weiterzutragen und Maßnahmen zur ökologischen Veränderung bzw. zum prinzipiellen Anlegen eines Schulgartens mit insgesamt DM 300.000,00 zu unterstützen. Gemeinsam mit den Umweltministern der Länder wurden auch einzelne Schulen besucht. 1994 sind unter dem Motto: „Schüler gestalten Umwelt" die NECKERMANN-Kunden, besser gesagt: deren Kinder, erneut angesprochen worden. Mit einem sehr ambitionierten Wettbewerb, der klare, nachvollziehbare und umsetzbare Verbesserungspotentiale für die Umwelt erreichen soll, will die NECKERMANN VERSAND AG Zeichen setzen. 32.000 Jugendliche und Kinder haben die Ausschreibungsunterlagen angefordert und damit bewiesen, daß das Engagement und der Ideenreichtum der Jugend ein starker Umweltmotor ist. Ende des Jahres werden die besten Arbeiten von einer hochkarätigen Jury, an deren Spitze Heinrich Freiherr von Lersner, Präsident des Umweltbundesamtes, steht, ausgewertet und prämiert.

Die Auswahl von Werbemitteln und Zugaben wurde auch im Sinne der Umwelt und der Kundenerwartung auf ökologische Erfordernisse umgestellt. So war das Spiel „Wir machen mit!", das sich an die Familie wendet und Umweltfragestellungen in spielerischer Form erklärt, ein voller Erfolg. Innerhalb weniger Wochen wurden über 40.000 angefordert. Ein Umweltratgeber, der alle wesentlichen Umweltfragestellungen des täglichen Lebens beantwortet, wird den Kunden 1994 ebenfalls angeboten.

Die Akzeptanz der NECKERMANN-Kommunikation ist durchweg positiv und dokumentiert sich auch im ersten Umweltbericht des Versandhandels, der von der NECKERMANN VERSAND AG 1993 erstellt worden ist. Eine Umfrage bei allen Empfängern des Umweltberichtes beweist, daß der ganzheitliche Ansatz des Themas „Umweltschutz im Unternehmen" mit all seinen zahlreichen Facetten der richtige Weg ist und die Darstellung nach außen ebenfalls für wünschenswert gehalten wird.

## 10.6 Von der qualitativen zur quantitativen Analyse

Die Voraussetzungen für ein umfassendes Öko-Audit nach EU-Verordnung sind durch die umfangreichen Vorarbeiten und dem bereits bestehenden Umweltmanagementsystem gegeben. In 1994 gilt es, die Motivation aller Beteiligten auf die schwierige Aufgabe der exakten Datenerhebung zu lenken. Hierbei war es im Vorfeld von großer Wichtigkeit, daß die Abteilung Controlling miteinbezogen wurde, damit Datenerhebung, Datenauswertung und Interpretation so gestaltet werden, daß ein Umwelt-Controlling-System im Unternehmen funktionieren kann.

Die Datenerhebung erfolgt durch DV-gestützte Tabellen, die sowohl die physikalischen als auch monetären Größen abfragen. Zur Erleichterung der Arbeit werden die Daten direkt in die Datenverarbeitung eingegeben und können dann DV-technisch bearbeitet werden. Dieses Vorgehen wird mit allen beteiligten Personen in Vor-, Zwischen- und Abschlußgesprächen besprochen. Dies ist unbedingt notwendig, um Probleme bei der Datenerfassung zu beheben, die notwendige Datensicherheit zu erreichen und Kommunikationsschwierigkeiten zu vermeiden. Denn eines ist klar: für das Unternehmen ist das Öko-Audit ein zusätzlicher Aufwand, der nicht von allen beteiligten Personen sofort akzeptiert wird. Der ständige Kontakt mit den Umweltexperten und die Kommunikation der Mitarbeiter untereinander stellt deshalb ein wesentliches Element für den Erfolg dieser Arbeit dar. Über den Fortgang des Öko-Audits wird der Vorstand in regelmäßigen Abständen direkt informiert und bei Problemen schaltet er sich in die konkrete Arbeit ein. Die Verbindung aller Unternehmenseinheiten untereinander, die tägliche Bereitstellung von Informationen obliegt der Umweltkoordination, die auch die direkte Verbindung zu externen Umweltexperten aufrechterhält. Es ist von großer Bedeutung, daß die Geschäftsleitung, in diesem Fall der Vorstand, und der Umweltbeauftragte mit seiner Umweltkoordination ständig im Ablaufprozeß integriert sind und den Dialog aufrechterhalten bzw. vermittelnd tätig werden.

Nach Abschluß der Datenerhebung werden die ökologischen Schwachstellen einem Bewertungsverfahren unterzogen (vgl. Kapitel 8). Diese Schwachstellen werden anhand der Parameter mit möglichen Alternativen hinsichtlich der ökologischen Entlastung und des monetären Aufwandes verglichen. Daraus entsteht ein Maßnahmenpaket (Umweltprogramm), das in kurz-, mittel- und langfristig unterteilten Schritten umgesetzt werden kann.

Für den vorausschauenden Umweltschutz ist es wünschenswert, daß im Untenrehmen das Instrument des Umwelt-Controlling eingesetzt wird. Hierzu bedarf es der Bereitstellung der Input-/Output-Daten, um Veränderungen in definierten zeitlichen Abständen zu dokumentieren und Maßnahmen-Aktualisierungen vornehmen zu können. Die Daten aus der Input-/ Output-Analyse werden den Funktionsbereichen zugeordnet und mit entsprechenden Parametern per Szenario-Technik bewertet. Damit hat das Unternehmen ein Planungsinstrument, das die ökonomischen, die monetären und die gesellschaftlichen Entwicklungen dokumentiert.

## 10.7 Die Zukunft des Handels unter Umweltgesichtspunkten

Für die NECKERMANN VERSAND AG stellt sich nicht mehr die Frage: **Umweltschutz ja oder nein?** bzw. **Umweltmanagementsystem und Öko-Audit ja oder nein?** Sie ist eindeutig mit **ja** beantwortet worden. Die Entwicklung der Rahmenbedingungen, wie Umweltmaßnahmen der Wettbewerber, Gesetzgebungsinitiativen der EU und nationaler Regierung, die Erhöhung der Kosten, zum Beispiel im Abfallbereich, aber auch die Umweltveränderung beweisen, daß der Schritt zum Strategischen Umweltmanagement für das Unternehmen überlebenswichtig ist. Dies gilt ebenso für alle anderen Handelsunternehmen, die mit Blick auf ihre Kunden dem Umweltschutz einen hohen Stellenwert einräumen müssen. Einzelmaßnahmen, die nicht das gesamte Betätigungsfeld eines Handelsunternehmens abdecken, werden zwangsläufig in die Sackgasse führen und nicht zur notwendigen Glaubwürdigkeit bei den gesellschaftlichen Anspruchsgruppen führen. Der Gesetzgeber, der gerade mit dem **Kreislaufwirtschaftsgesetz** für die Zukunft neue Rahmenbedingungen geschaffen hat, wird den Handel weiter in die Pflicht nehmen und den Hebel für mehr Umweltschutz dort ansetzen. Auch die Europäische Union wird früher als geplant die Öko-Audit-Verordnung für den Handel öffnen und nicht mehr auf produzierende Gewerbebetriebe beschränken. Damit entsteht eine neue Wettbewerbssituation, der sich der Handel nicht verschließen kann.

Die komplexe Aufgabenstellung **Umweltschutz im Unternehmen** ist nur durch ausgewiesene Fachleute zu bewältigen, die den naturwissenschaflichen, betriebswirtschaftlichen und juristischen Background besitzen. Für Handelsunternehmen ergibt sich hieraus zwangsläufig die Notwendigkeit, mit seriösen und kompetenten Beratern zusammenzuarbeiten, die auch die Sprache des Handels sprechen, die Strukturen kennen und sich die Mühe machen, im Gesamtunternehmen zu kommunizieren und alle Beteiligten in das Projekt zu integrieren. Adhoc-Aktionen und Umweltschutz auf PR-Niveau kann in Zukunft nicht mehr erfolgreich sein. Die Öko-Audit-Verordnung der EU setzt die Standards auch für den Handel.

## 10.8 Der Nutzen eines Öko-Audits für das Unternehmen

Mit der Umsetzung der Öko-Audit-Verordnung nach EU erhält das Unternehmen einen systematischen Überblick über die Umweltauswirkungen hinsichtlich der Unternehmenstätigkeit. Analog dazu wird ein Umweltqualitätsstandard eingeführt, der es ermöglicht, entsprechende Planungen auf Grundlage dieses Standards zu entwickeln. Im einzelnen erhält das Unternehmen eine Struktur, durch die alle umweltrelevanten Fragestellungen in die Entscheidungsfindung des Unternehmens einfließen. Weiterhin werden feste Regeln eingeführt und mit diesen kann das Unternehmen eine durchgehende Risikominimierung für alle Geschäftsbereiche erreichen. Neben diesen Aspekten wird durch die Erhebung aller Stoffströme das Potential an Vermeidung, Verminderung und Substitution von Stoffen zielgenau ermöglicht. Das führt in der Regel, da eine monetäre Bewertung parallel zu der Erfassung der Stoffströme stattfinden muß, zur Aufdeckung von Kostensparpotentialen und einer verbesserten Investitionsplanung. Last, but not least, vermittelt die Umwelterklärung, die in der Öko-Audit-Verordnung vorgegeben ist, der Öffentlichkeit und den speziellen Anspruchsgruppen wie Banken und Versicherungen, aber auch Kunden einen guten Eindruck über die Umweltqualität der Unternehmensleistung.

# 11 Erfahrungen mit Öko-Audits im Maschinenbau

## 11.1 Grundlagen und Voraussetzungen für ein Pilotaudit

### 11.1.1 Methodischer Ansatz

Die hauptsächliche methodische Schwierigkeit einer Analyse der Öko-Audit-Verordnung besteht darin, daß es sich nicht um einen Zustand oder eine Aktion, sondern um ein dynamisches System handelt. Dieses umfaßt die Bereiche der Umweltpolitik und der Umweltziele, der Unternehmensstruktur und -organisation, die Umweltschutzgesetzgebung sowie den Bereich der Anlagen, Verfahren, Rohstoffe und Produkte, welche letztlich zu Einwirkungen in der Umwelt führen (dieser Bereich wird im folgenden als "**ökotechnischer Teil**" bezeichnet).

Die Unterschiede für das Verständnis von Umweltbelangen sowie die Art und Weise, wie die Lösungen von konkreten Umweltproblemen angegangen wird bzw. wurde, ist von Unternehmen zu Unternehmen sehr verschieden. Vom rein defensiv agierenden Betrieb, der erst nach erhöhtem Druck von außen (sei es seitens der Behörden oder der Öffentlichkeit) reagiert, bis hin zum Betrieb, der eine vorausschauende, proaktive Strategie verfolgt und sich insbesondere gegenüber Umweltfragen offen verhält, ist alles anzutreffen. Dementsprechend wird der Handlungsbedarf bei denjenigen Unternehmen, welche sich der Öko-Audit-Verordnung (freiwillig) unterziehen, sehr unterschiedlich sein. Dies betrifft nicht nur das Verhältnis zwischen Umweltpolitik/Umweltzielen und "Umweltrealität", sondern ebenso die vorhandenen Strukturen sowie die Verfügbarkeit von Mitteln, um die Umweltziele realisieren zu können. Schließlich ist auch der zeitliche Faktor zu berücksichtigen. Das bisher Gesagte bedeutet, daß bei der Beantwortung der zentralen Frage des Pilotprojektes, nämlich derjenigen der Praktikabilität der Verordnung und dies unter besonderer Berücksichtigung der kleinen und mittleren Unternehmen (KMU), von der spezifischen Situation des Pilotstandortes ausgehend verallgemeinert werden muß.

Der konkreten spezifischen Unternehmenssituation im "ökologischen Alltag" gegenüberzustellen ist die konzeptionell auf hoher Ebene anzusiedelnde Zielsetzung der Öko-Audit-Verordnung. Das System der Verordnung führt, wenn sinngemäß angewendet, zur Integration des gesamten Umweltbereiches in so zentrale Unternehmensbereiche wie etwa Finanzen, Marketing, Produktion oder Forschung. Damit wird der Umweltschutz ein Element der Unternehmensstrategie.

Daraus ergibt sich, daß das Pilotprojekt, methodisch betrachtet, eine **deduktive Komponente** (das Umweltmanagement- und Öko-Auditsystem, englisch: EMAS) sowie eine **induktive Komponente** (betriebliche Realität) aufweist.

Aus der (branchenspezifischen) Verknüpfungsmatrix geht hervor, wie einerseits die eigentlichen betrieblichen Aktivitäten (links, x) und andererseits die Infrastruktur (rechts, y) mit den gesetzlichen Anforderungen zusammenhängen (Abbildung 11-1).

Damit sollte die Methodik der Abwicklung die folgenden drei Aspekte miteinander vereinen:

- die induktive Vorgehensweise auf der betrieblichen Ebene
- die deduktive Vorgehensweise auf der Ebene des EMAS
- die Definition des Rollenspiels der verschiedenen Akteure, insbesondere des externen Beraters.

| Fertigung (x) | Gewässerschutz | Abfälle | Luftreinhaltung | Lärmschutz | Störfall-Risiken | Bodenschutz | Grundwasserschutz | Altlasten | Arbeitsschutz/Sicherheit |
|---|---|---|---|---|---|---|---|---|---|
| | Gesetzliche Vorschriften | | | | | | | | |
| Walzen | | | x | | | | | | xy |
| Biegen | y | | | | | | | | x |
| Ziehen | | y | | | | | | | x |
| Stanzen | | x | | x | | | | | x |
| Sägen | | x | | | | | | | x |
| Drehen | y | x | | | | | | | x |
| Bohren | | x | | | | | | | y |
| Fräsen | | x | | | | | | | xy |
| Löten | | | | | | | | | x |
| Schweissen | | | | | | | | | x |
| Entfetten | x | | | y | | x | x | x | xy |
| Härten | | x | | | | | | | x |
| Galvanisieren | x | x | | | x | x | x | x | x |
| Lackieren | | x | x | | x | | | | x |

| Infrastruktur (y) |
|---|
| Wasserversorgung |
| Abwasserbehandlung |
| Abfallentsorgung |
| Elektrizität |
| Heizung |
| Oel-Tankanlage |
| Lüftung, Klima |
| Warmwasser |
| Wasserdampf |
| Druckluft |
| Int. Transporte |

Abbildung 11-1

### 11.1.2 Die Ausgangssituation des Pilotbetriebes

Die Umsetzung des Umweltmanagement- und Öko-Auditsystems, englisch: EMAS, ist ein Prozeß, welcher vom Zeitpunkt des Entscheides der Unternehmensleitung, am System zu partizipieren, bis zum abgeschlossenen Aufbau und zur vollen Integration desselben unter Umständen Jahre beanspruchen kann. Sowohl Geschäftsführung als auch (interne und externe) Berater sollten sich deshalb laufend darüber ins Bild setzen, in welcher Phase des Systemaufbaus sich das Unternehmen befindet bzw. welche Elemente des EMAS

- erst in den Köpfen existieren
- als Entwurf oder als Konzept schriftlich festgehalten sind
- ausformuliert sind und von der Geschäftsführung verabschiedet wurden
- sich bereits im unternehmerischen Alltag bewährt haben.

Das am häufigsten benützte Verfahren, um die im Unternehmen erreichten Fortschritte auf dem Weg zur vollen Integration des EMAS festzustellen und den erforderlichen Handlungsbedarf möglichst präzise zu umschreiben, besteht in der Durchführung von einem oder mehreren Audits. Diese Audits können in der Regel nicht mit der Umweltbetriebsprüfung gleichgesetzt werden, bilden aber einen wichtigen Schritt auf dem Wege zu dieser. Um Verwechslungen zu vermeiden, wollen wir diese Audits als **System-Audits** bezeichnen.

## *Checkliste für die Durchführung eines System-Audits*

**Ausgangssituation des Unternehmens**

- Umweltpolitik schriftlich festgelegt?
- Umweltziele formuliert?
- Umweltcheck durchgeführt?
- Zustand Umweltmanagementsystem?

**Mögliche Ziele eines System-Audits**

- Systematische Erfassung ökologischer Informationen
- Analyse Ist-Zustand Rechtskonformität
- Analyse Ist-Zustand Umweltmanagementsystem
- Ermittlung Handlungsbedarf Rechtskonformität
- Ermittlung Handlungsbedarf Umweltmanagementsystem
- Ermittlung Handlungsbedarf Ökologie

Möglicher **Handlungsbedarf** für ein Unternehmen nach einem System-Audit in Form externer/interner Unterstützung bei:

- Erstellen/Verbessern des Umweltmanagementsystems
- Vorbereitung auf Umweltbetriebsprüfung; evtl. Vornahme derselben
- Beantwortung ökologischer bzw. technischer Sachfragen
- Ausarbeitung einer Umwelterklärung

Abbildung 11-2

Es liegt im Wesen des EMAS, daß mit einem Audit - ob Umweltbetriebsprüfung oder System-Audit - nicht ein stationärer Zustand erfaßt wird, sondern ein dynamisches System. Deshalb ist mit Nachdruck hervorzuheben, daß bei einem System-Audit allen Beteiligten (d. h. Unternehmensleitung, übrige interne Teilnehmer sowie externe Berater) die aktuelle Unternehmenssituation bekannt zu sein hat. Zu diesem Zweck kann eine Checkliste verwendet werden (Abbildung 11-2).

### 11.1.3 Spezifische Aspekte eines Maschinenbau-Unternehmens

Allgemein läßt sich der Maschinenbau verhältnismäßig einfach in klar festgelegte Tätigkeiten (Einheitsoperationen) und entsprechende Arbeitsschritte gliedern, deren Kenntnisse die Audittätigkeit erheblich erleichtern können.

Diese sind

a) Metallbearbeitung

(Schneiden, Sägen, Drehen, Abkanten, Schleifen usw.)

b) Zusammenbau von Komponenten oder ganzen Maschinenteilen

(Verschrauben, Nieten, Schweißen, Löten, Kleben usw.)

c) Oberflächenbehandlung (Ätzen, Beizen, usw.) einschließlich Entfetten mit organischen Lösemitteln, mit Entfettungsmitteln auf Wasserbasis oder mit Heißdampf

d) Oberflächenbeschichtung (Lackieren, Verchromen, Vernickeln, usw.)

e) Verpackung.

Im Maschinenbau bestehen für sämtliche der aufgeführten Arbeitsschritte mehr oder weniger vorgegebene Technologien. So kann beispielsweise das Lackieren von Metallteilen entweder mit einem Naßlackierverfahren oder mit "trockenen", das heißt ohne den Einsatz von Lösemitteln arbeitenden Pulverbeschichtungsverfahren, erfolgen. Ebenfalls haben sich für die Abluftbehandlung verschiedene Verfahren bewährt. Während bei der Pulverbeschichtung ausschließlich Staubfilter in Frage kommen, können bei den Naßlackierungsverfahren sowohl trockene Filterverfahren als auch die Naßwäsche zum Einsatz gelangen.

In analoger Weise kann diese Aufzählung der in Frage kommenden Verfahren für die übrigen Arbeitsschritte beliebig fortgesetzt werden.

Damit sowohl der externe EMAS-Berater als auch der zugelassene Gutachter ihre Aufgaben optimal wahrnehmen können, ist es unerläßlich, daß sie über ausgedehnte Kenntnisse der betreffenden Branchen verfügen. Denn ihnen obliegt es, zu beurteilen, wie der jeweilige Stand der Technik, oder präziser: wie die verschiedenen in der EU definierten Technologiestufen

BAT (**b**est **a**vailable **t**echnology, das heißt beste verfügbare Technik),

BATNEC (beste verfügbare Technik, welche keine übermäßigen Kosten verursacht) sowie

EVABAT (**e**conomically **va**luable **b**est **a**vailable **t**echnology - wirtschaftlich tragbare beste verfügbare Technik)

im Einzelfall, d. h. vor dem Hintergrund von Umweltpolitik, Umweltzielen und Umweltprogrammen von Unternehmen konkret anzuwenden sind.

Zur Erinnerung sei darauf hingewiesen, daß der im deutschen Sprachgebrauch verwendete Begriff "Stand der Technik" keineswegs mit dem BAT der EU gleichgesetzt werden darf. Während der "Stand der Technik" für Anlagen oder Verfahren verwendet wird, welche sich über

Jahre und in großen Stückzahlen bewährt haben, genügt es, daß in einem EU-Mitgliedstaat eine Anlage nach einem bestimmten Verfahren mit Erfolg betrieben wird, um dieses als "best available technology" zu deklarieren.

In den folgenden Erläuterungen werden die Rollen der Akteure in die methodischen Ausführungen zur Vorgehensweise auf der betrieblichen Ebene sowie auf der Ebene des EMAS definiert.

### 11.1.4 Vorgehensweise auf der betrieblichen Ebene

**a) Untersuchungsstruktur des Feld-Audits**

Die Umweltprüfung als erste, auf einen bestimmten Standort bezogene umfassende Untersuchung der umweltbezogenen Fragestellungen, Auswirkungen und des betrieblichen Umweltschutzes stellt gewissermaßen die Basis für die nachfolgenden Aktivitäten innerhalb des EMAS dar. Insbesondere bei Betrieben, welche bislang hinsichtlich ihrer Anstrengungen für den Umweltschutz zurückhaltend waren, ist diese Prüfung eine nützliche Grundlage, um realistische und auch realisierbare Umweltziele und - darauf aufbauend - mögliche Umweltprogramme festzulegen.

Da der Maschinenbau nicht zu den die Umwelt besonders stark belastenden industriellen Aktivitäten zu zählen ist, kommt dem Vorhandensein einer Umweltprüfung im Rahmen dieses Pilotprojektes aus rein technischer Sicht keine zentrale Bedeutung zu. Dies trifft insbesondere dann zu, wenn die relevanten Umweltdaten verfügbar sind und im Rahmen des sog. Feld-Audits aufbereitet und darin integriert werden können. Aus methodischer Sicht hingegen waren wertvolle Erkenntnisse in bezug auf die Wechselwirkung der Verordnung mit betrieblicher Realität, Einbettung in das Verfahren und zu erwartende Bearbeitungstiefe samt qualifikatorischen Anforderungen an die externen Berater zu gewinnen.

**b) Zielsetzung und Systematik des durchzuführenden "Feld-Audits"**

Da zu den Auswirkungen des betrieblichen Umweltschutzes (ökotechnische Belange) ebenfalls der Bereich der Rechtskonformität (Legal Compliance) gehört, muß dieser schon bei der ersten Umweltprüfung berücksichtigt sein.

Der Feld-Audit weist aufgrund der Fragestellung dieses Pilotprojektes eine ganze Reihe von Aspekten auf, die sich aus der Sicht des Unternehmens in die folgenden Zielsetzungen umsetzen lassen:

- Praktischer Nutzen des "Feld-Audits" im Sinne einer Umweltbetriebsprüfung (zum Beispiel ökologische Schwachstellen, wirtschaftliche Sparpotentiale, Wettbewerbsvorteile, usw.),
- Bereiche, in welchen vor allem bei kleinen und mittleren Unternehmen das EMAS vereinfacht werden kann bzw. werden muß,
- Beurteilung der Praktikabilität der Umweltbetriebsprüfung hinsichtlich Kosten/ Nutzen-Verhältnis.

Im Zusammenhang mit der Systematik des "Feld-Audits" ist anzumerken, daß die folgenden Gliederungskriterien zu berücksichtigen und vor der eigentlichen Audittätigkeit festzulegen sind:

1) Untersuchungsbereiche: Rechtskonformität/Managementsystem/ökotechnische Belange

2) Zu behandelnde Gesichtspunkte (innerhalb des "ökotechnischen Bereichs") Verordnung, Anhang I Teil C:

   1. *Beurteilung, Kontrolle und Verringerung der Auswirkungen der betreffenden Tätigkeit auf die verschiedenen Umweltbereiche*

2. *Energiemanagement, Energieeinsparung und Auswahl von Energiequellen*
3. *Bewirtschaftung, Einsparung, Auswahl und Transport von Rohstoffen; Wasserbewirtschaftung und -einsparung*
4. *Vermeidung, Recycling, Wiederverwendung, Transport und Endlagerung von Abfällen*
5. *Bewertung, Kontrolle und Verringerung der Lärmbelästigung innerhalb und außerhalb des Standorts*
6. *Auswahl neuer und Änderungen bei bestehenden Produktionsverfahren*
7. *Produktplanung (Design, Verpackung, Transport, Verwendung und Endlagerung)*
8. *betrieblicher Umweltschutz und Praktiken bei Auftragnehmern, Unterauftragnehmern und Lieferanten*
9. *Verhütung und Begrenzung umweltschädigender Unfälle*
10. *besondere Verfahren bei umweltschädigenden Unfällen*
11. *Information und Ausbildung des Personals in bezug auf ökologische Fragestellungen*
12. *externe Information über ökologische Fragestellungen.*

3) Nach Bedarf können in Abhängigkeit der Unternehmensgröße bzw. der Ausdehnung des Standortes für Teile der 12 aufgeführten Gesichtspunkte weitere Gliederungen vorgenommen werden (zum Beispiel nach Produktionseinheiten).

### 11.1.5 Vorgehensweise auf der systemischen Ebene (EMAS)

Die Praktikabilität der Umwelt-Audit-Verordnung wird auf der systemischen Seite grundsätzlich deduktiv untersucht, wobei diese Beurteilung durch Erkenntnisse, die im Rahmen des "Feld-Audits" gewonnen wurden, anzureichern ist.

Aus der **Sicht der Behörden** dürfte die zentrale Frage wohl darin bestehen, wie der ökologische Nutzen absolut betrachtet sowie auch im Verhältnis zum Gesamtaufwand, den das System für das Umweltmanagement und die Umweltbetriebsprüfung mit sich bringt, zu werten ist. In diese Überlegungen einzubeziehen ist ebenfalls die Frage, welcher (ökologische) Stellenwert denjenigen Unternehmen zukommt, welche sich nicht der Verordnung unterziehen bzw. am Gemeinschaftssystem nicht teilhaben wollen. Umgekehrt dürfte auch interessieren, welche ordnungspolitischen und umweltrechtlichen Erwartungen teilnehmende Unternehmen gegenüber den das traditionelle Umweltschutzrecht vollziehenden Behörden äußern werden.

Bei der Beurteilung der Praktikabilität stehen aus **betrieblicher Sicht** primär das Managementsystem sowie der im ökotechnischen Teil vom Betrieb zu leistende Aufwand im Vordergrund. Dies gilt insbesondere im Hinblick auf den Einbezug von kleinen und mittleren Unternehmen in das Gemeinschaftssystem für das Umweltmanagement und die Umweltbetriebsprüfung. Neben grundsätzlichen sind ebenfalls eine ganze Reihe von Einzelfragen zu bearbeiten, welche die Praktikabilität in hohem Maße beeinflussen (zum Beispiel betrieblicher Umweltschutz und Praktiken bei Unterauftragnehmern und Lieferanten).

Aus der Sicht der Kommunikation mit der **Öffentlichkeit** sowie insbesondere unter dem Aspekt des Marketing ist hervorzuheben, daß das Gemeinschaftssystem vorsieht, daß die daran teilnehmenden Unternehmen ihre Umweltziele selbst festlegen. Daraus folgt, daß für die einzelnen Unternehmen durch die verschiedenen bisher erbrachten Vorleistungen im

Umweltschutz sowie insbesondere durch den großen Spielraum bei der Festlegung von Umweltzielen große Unterschiede bezüglich des Handlungsbedarfs resultieren können. Unternehmen, die bisher viel in den Umweltschutz investiert haben, könnten im Vergleich zu Betrieben benachteiligt werden, die bisher wenig unternommen haben und welchen es deshalb leicht fällt, auch bei verhältnismäßig tief angesetzten Umweltzielen eine signifikante Verbesserung der Umweltsituation zu erzielen und (medienwirksam) zu kommunizieren.

### 11.1.6 Systemabgrenzung

Gegenstand des Pilotprojektes bildet grundsätzlich das gesamte System für das Umweltmanagement und die Umweltbetriebsprüfung (EMAS). Um eine sinnvolle Abgrenzung der durchgeführten Untersuchungen vornehmen zu können, wird der gesamte Umfang des EMAS durch die folgenden Aspekte umschrieben bzw. abgegrenzt:

a) systemisch und organisatorisch

b) räumlich

c) zeitlich

d) materiell/fachtechnisch.

Im folgenden wird die im Rahmen des vorliegenden Umwelt-Audit-Pilotprojektes durchgeführte Abgrenzung des betrachteten Systems beschrieben.

**a) Systemisch und organisatorisch**

Das EMAS weist aus innerbetrieblicher Sicht die folgenden Nahtstellen auf:

- Verknüpfung mit der Unternehmensstruktur und -organisation,
- Nahtstellen mit dem Rechtsdienst,
- Verknüpfung mit dem Finanz- und Rechnungswesen (über Ökobilanzen, Öko-Controlling, Versicherungen, Kreditgeber, usw.),
- Nahtstellen mit dem Personalwesen (über die Bereiche der internen Ausbildung und Kommunikation),
- Nahtstellen mit dem Einkauf,
- Nahtstellen mit dem Arbeitsschutz (gewisse Aspekte desselben werden im EMAS und insbesondere bei der Umweltbetriebsprüfung berücksichtigt),
- Nahtstellen mit den Bereichen Langfristplanung, Forschung und Entwicklung,
- Nahtstellen mit auf dem selben Grundstück tätigen Tochterunternehmen (am untersuchten Standort waren es eine ausschließlich für das Unternehmen tätige Autowerkstatt sowie ein Transportunternehmen).

Die Verknüpfungen und Nahtstellen mit den aufgeführten Unternehmensbereichen oder organisatorischen Einheiten waren im Pilotprojekt fallweise darzulegen und zu kommentieren.

**b) Räumliche Abgrenzung**

Gegenstand des EMAS sowie auch des "Feld-Audits" ist der untersuchte Standort. Dabei ist darauf hinzuweisen, daß mit dem Begriff "Standort" nicht nur das Grundstück gemeint sein kann, auf welchem die Betreiberin der Anlagen als Besitzerin oder als Mieterin eine Produktionsanlage betreibt. Vielmehr sollten in weiter Auslegung der Definition damit Hinweise über die Ausdehnung des Gebiets vermittelt werden, in welchem infolge von betrieblichen Emissionen ökologische Einwirkungen möglich sind.

Weiter kompliziert wird die Definition dadurch, daß auch das Verhalten von am selben Standort tätigen Vertragspartnern zu überwachen ist. Einerseits ist unter Umständen die Trennung von am gleichen Ort tätigen Partnern sowohl räumlich als auch nach Definition nicht eindeutig vorzunehmen, andererseits ist dann immer noch nicht klar, wie weit die Einhaltung "guter Managementpraktiken" durch solche Partner dann auch zu prüfen und zu beeinflussen ist. Übrigens sind in der Definition "Standort" auch "bewegliche Sachen" zu prüfen. Darunter wären auch Auslieferungs- und Transportdienste zu verstehen.

c) **Zeitliche Abgrenzung**

Die Integration des EMAS in ein Unternehmen ist ein komplexer Prozeß, welcher sich bei den meisten Betrieben in Abhängigkeit der bisher erbrachten Vorleistungen über Jahre erstrecken dürfte.

Es liegt auf der Hand, daß es im Rahmen eines Pilotprojektes nicht möglich ist, den zeitlichen Ablauf real wiederzugeben.

Die im Rahmen desselben erhaltenen Informationen sowie die daraus abgeleiteten Folgerungen geben mehrheitlich eine **momentane Situation** beim auditierten Unternehmen wieder. Auch sind über den zeitlichen Verlauf der Implementierung des EMAS keinerlei auf Erfahrungen oder Feststellungen basierende Angaben verfügbar.

d) **Materielle und fachtechnische Abgrenzung**

Aus materieller bzw. fachlicher Sicht sind die folgenden aufgeführten Fachdisziplinen im Pilotprojekt von Bedeutung. Dabei wird nicht unterschieden, ob das entsprechende Fachwissen im Unternehmen selbst verfügbar oder externe Fachleute beizuziehen sind. Die Grundlage hierfür bildet Anhang I Teil B (Umweltmanagementsysteme) sowie Anhang I Teil C (Zu behandelnde Aspekte der Verordnung).

1. Fachliche Aspekte der **Umweltauswirkungen** (Verordnung Anhang I Teil B Ziff. 3) des Unternehmens (diese bilden beispielsweise Bestandteil der Umweltprüfung sowie auch der Umweltbetriebsprüfung):

   - Abwasser
   - Abluft- und Immissionsschutz
   - Abfallentsorgung
   - Bodenschutz und Grundwasser
   - Energie
   - Lärm und Erschütterungen
   - Die belebte Umwelt
   - Umweltrisiken

2. Fachliche Aspekte der **Umweltbetriebsprüfung**

   Teil Rechtskonformität:

   - Rechtsberatung

   Teil Umweltmanagementsysteme:

   - Betriebswirtschaft

Unternehmensorganisation

Ökotechnischer Teil:

- wie 1. (Auswirkungen auf die Umwelt), zusätzlich
- Produktion/Produkteplanung
- Arbeits- und Störfallschutz
- Information und Kommunikation
- Ausbildung.

## 11.2 Die Vorbereitung des Pilotaudits

### 11.2.1 Definitionen

Der Audit und der daraus folgende Bericht sind im Aufbau den Vorschriften in der Verordnung Anhang I, Teil C,D und Anhang II entsprechend angelegt.

Es darf davon ausgegangen werden, daß dereinst bei routinemäßiger Anwendung der Verordnung kaum wesentliche formale Unterschiede bezüglich Umweltprüfbericht und Umweltbetriebsprüfungsbericht zu erwarten sein werden: Beide können zu einer **Umwelterklärung** führen. Außerdem folgt schon die erste Umweltprüfung sinnvollerweise dem Schema des Anhanges II der Verordnung, da sie ja geeignete Empfehlungen zum Umweltmanagementsystem und zu den zu behandelnden Gesichtspunkten abzugeben hat. Beide werden zu einem späteren Zeitpunkt im Rahmen der Umweltbegutachtung bzw. der Umwelterklärung durch unabhängige Umweltgutachter geprüft werden.

In diesem Kapitel wird bei der Beschreibung der durchgeführten Tätigkeiten unterschiedslos von **Audit** die Rede sein.

Früh wurde klar, daß das von der Verordnung vorgegebene System, um praktikabel zu sein, von Unternehmen, Auditoren und der öffentlichen Hand höchstens soviel Zeit und Aufwand beanspruchen darf, daß es nicht im vorhinein unattraktiv und damit zum Scheitern verurteilt sein würde. Es war somit notwendig, alle Instrumente und Verfahren "schlank" zu gestalten.

Zudem wurde auch deutlich, daß ein hinreichendes induktives Audit-Verfahren nicht ohne die Verfügbarkeit und eine detaillierte Auseinandersetzung mit "harten" Betriebsdaten, also **Zahlen und Fakten** über sämtliche umweltrelevanten Aktivitäten an einem bestimmten Standort auskommen würde.

Jedes Audit erfordert einen meist beachtlichen Aufwand an Eigenleistungen des Unternehmens, welcher zu einem großen Teil von Mitarbeitern in leitenden Positionen oder von Spezialisten zu leisten ist, die ohnehin durch die Tagesgeschäfte stark beansprucht sind. Audits sind deshalb so vorzubereiten, daß sie mit einem optimalen Kosten/Nutzenverhältnis abgewickelt werden können. Insbesondere sind sie derart vorzubereiten, daß

- sämtliche benötigten Dokumente und Informationen zum Auditzeitpunkt vorliegen,
- diejenigen Personen, deren Anwesenheit unabdingbar ist, auch tatsächlich im Betrieb und verfügbar sind,
- die Auditoren die Betriebsabläufe sowie die verwendeten Prozesse kennen,
- bereits vor Auditbeginn eine erste Beurteilung des Betriebs besteht und die offenen Fragen bekannt sind.

### 11.2.2 Entwicklung eines Fragebogens

Aufgrund dieser Überlegungen und auch allgemeiner Erfahrungen wurde es für sinnvoll erachtet, einen **Fragebogen** auszuarbeiten. Dieser sollte folgenden Anforderungen genügen:

- Er sollte in zweierlei Hinsicht **umfassend** sein: Zum einen hatte er die gesamte Verordnung samt den in ihr implizit angesprochenen Umwelt-, juristischen und Managementaspekten gleichsam zu verkörpern. Zum anderen mußte jeder mögliche Umweltaspekt gleich breit berücksichtigt sein, um auch Bereiche abzudecken, die am Standort an und für sich bedeutungslos, aber trotzdem in angemessener Form zu erwähnen sind. Zur Klärung sei angemerkt, daß das Leerlassen einer aus Sicht der Befragten für den Standort unproblematischen, daher „bedeutungslosen" Frage ebenfalls eine wesentliche Antwort darstellt, die zu überprüfen ist.
- Er sollte die zuständigen Organe des Unternehmens auf die Art und Weise der Fragestellung und des systemorientierten Vorgehens **vorbereiten und einstimmen**,
- Er sollte die **Beschaffung von Daten und Unterlagen** in die Wege leiten, die erfahrungsgemäß kaum innerhalb der Frist eines Audit vor Ort zu erheben sind, schon gar nicht zum Zeitpunkt eines ersten derart umfassenden Audit-Vorhabens.
- Wegen der an der Verordnung orientierten Struktur ist der Fragebogen nicht zuletzt als **Checkliste** bei der Überprüfung der Sachverhalte vor Ort geeignet.

## *Struktur des Fragebogens*

### Teil 1: Fragen zum Umweltmanagementsystems



**Abbildung 11-3**

Eine weitere Rahmenbedingung basierte auf der Hypothese, daß ein Fragebogen aus Gründen der **Vergleichbarkeit** möglichst umfassend, und damit **branchenübergreifend**, abgefaßt sein sollte, falls auch künftig ein Fragebogen standardmäßig benutzt werden soll. Die Praktikabilität eines solchen Fragebogens war zu prüfen.

Erste Grundlage zur Entwicklung des Fragebogens war die **Öko-Audit-Verordnung** selber (siehe Struktur in Abbildung 11-3). Aus ihr wurden folgende Teile **direkt** abgeleitet:

- der Teil Umweltmanagementsystem aus Anhang I, Teil B.
- der Teil ökotechnische Belange aus Anhang I, Teil C "Zu behandelnde Gesichtspunkte". Der Teil wurde insofern noch erweitert, als unserer Meinung nach auch der Bereich Sicherheit und Gesundheit am Arbeitsplatz wesentlich ist, aber in der Verordnung nicht explizit erwähnt wird.

Wie aus einem Vergleich zwischen Fragebogen und den genannten Teilen der Verordnung unmittelbar ersichtlich ist, wurde die **Systematik der Verordnung direkt übernommen**. Es ist darauf hinzuweisen, daß den Autoren diese Systematik nicht zwingend folgerichtig und stellenweise nicht besonders praxisnah erscheint. Trotzdem wurde beispielsweise in Kauf genommen, daß bestimmte Bereiche, etwa der zu betrieblichem Umweltschutz bei Vertragspartnern oder jener zur ökologischen Information, zu weit unten, das heißt auf ausführender Ebene angesiedelt sind, während sie sehr wohl als Aufgabe im Managementsystem aufgefaßt werden könnten.

Insbesondere sind in diesem Zusammenhang zu nennen: Energie- und Stoffflußbilanzen, Kenntnis der wesentlichen Schadstoffemissionen in Luft und Wasser sowie von deren Verhalten in den jeweiligen Medien, etwa in Hinblick auf Alterungs- und Zersetzungsvorgänge, Stoffklassierungen, usw. Gerade solche Inhalte haben wesentlich dazu beigetragen, auch den Beteiligten des auditierten Unternehmens Zusammenhänge darzustellen, die sie nach eigenen Angaben selber nicht erkannt hätten.

Zum zweiten werden die allgemeinen Umschreibungen aus der Verordnung auf Basis der eigenen Erfahrung übersetzt in Fragen, die nach unserer Auffassung zum aktuellen Stand des Wissens im Bereich Öko-Audit gehören:

- Die Begriffe der Verordnung waren mit **konkreten fachtechnischen Inhalten** zu füllen. Die Teile "Allgemeine Fragen" sowie "Legal compliance" (Rechtskonformität) werden in der Verordnung lediglich marginal erwähnt. Da jedoch beide Bereiche nach Meinung der Autoren für eine korrekte Durchführung eines Audit unabdingbar sind, mußten diese nach eigenem Ermessen mit Inhalten versehen werden. So wird das Thema der Einhaltung der gesetzlichen Bestimmungen nur vereinzelt erwähnt, nämlich einmal in der Präambel (5. Abschnitt), einmal unter Art. 2 lit. a, ein weiteres mal in Art. 3 lit. a sowie einmal in Anhang II, Teil "A. Ziele". Die Schwierigkeit besteht hier darin, daß angesichts des Detaillierungsgrades der gesetzlichen Regelung der allgemeine Teil der rechtlichen Fragen zwangsläufig wenig aussagekräftig ist, während die eigentlichen Fragen zur Legal Compliance zumindest branchenspezifisch, meist aber für jeden konkreten Fall einzeln vorbereitet werden müssen. Damit entzieht sich dieser Bereich des Fragebogens im ganzen europäischen Umfeld einstweilen weitgehend einer Standardisierung. Ferner ist nach unserer Meinung ein gewisser Umfang an Basisinformationen über den Standort und seine Umgebung zum Verständnis des Betriebes und seiner Abläufe notwendig.
- Der Fragebogen war in einer Weise zu unterteilen, daß eine benutzerfreundliche Präsentation und Aufteilung erreicht wird. Dies gelang, wie die verschiedenen Reaktionen zeigten, vor allem dadurch, daß der Fragebogen aufgeteilt und zur Bearbeitung ohne weiteres an die

verschiedenen Beantworter abgegeben werden konnte. Eine Anleitung zu Beantwortung und Rückflußkontrolle war integriert.

### 11.2.3 Beantwortung der Fragen

#### a) Erfahrungen zur inhaltlichen Beantwortung

Nicht alle Teile des Fragebogens wurden vollständig ausgefüllt. Hauptgrund dürfte die in der Regel eher knapp bemessene Zeit sein, die den Verantwortlichen zur Beantwortung eingeräumt wurde. Auf diesen Aspekt wird später noch eingegangen. Ein anderer wesentlicher Grund hierfür war allerdings die Tatsache, daß **für viele der angesprochenen Bereiche keine Unterlagen bereit** waren, d.h. daß der jeweilige Bereich zuvor nicht als solcher systematisch bearbeitet worden war, oder daß geeignete Unterlagen erst zusammengesucht werden mußten. Zur Erläuterung seien zwei **Beispiele** zitiert:

1. Im ersten Teil (Umweltmanagementsystem) sind unter 1.1. allgemeine Fragen plaziert, die einen ersten Einblick in Betriebsgröße, betriebliche Aktivitäten, Standort mit Umgebung, Untergrund und Vorgeschichte erlauben (siehe beispielsweise Abbildung 11-4). Ohne solche Informationen lassen sich die Angaben aus späteren Fragebogen-Kapiteln kaum einordnen und gewichten. Es genügt nicht, sich allein auf eventuell vom Unternehmen vorab gelieferte Angaben abzustützen. Auch im vorliegenden Fall bestätigte sich diese Erfahrung. Die Beantwortung des Fragebogens brachte zwar einige Klärungen, so etwa zum oft vergessenen Thema "Untergrund", aus dem sich wichtige Schlüsse in Hinblick auf das Verhalten möglicher früherer oder noch bestehender Schadstoffe ziehen lassen. Meist kommt man an solche Daten über Berichte zu Baugrunduntersuchungen heran. In einem anderen, nahe verwandten Bereich, blieb eine **Lücke**: Über das Grundwasser waren keine Angaben erhältlich, mit Ausnahme der Messung seines Niveaus unter der Oberfläche. Dies war nicht sonderlich alarmierend, da am Standort des untersuchten Unternehmens kaum wassergefährdende Stoffe gehandhabt werden. Immerhin wurden die Verantwortlichen durch die Fragen auf die Lücke aufmerksam gemacht. Der Schluß war damit bereits aufgrund der Beantwortung des Fragebogens zulässig, daß ein systematischer Umgang mit dem Bereich "Wasser" genügend wichtig sein dürfte, um neu im Umweltmanagementsystem verankert zu werden.

## *Fragebogenbeispiel aus Teil 1*

**Umgebungsskizze:**

Die hier abgebildete Rosette enthält neben den Himmelsrichtungen zwei Kreise: der innere bezeichnet den Bereich von 0-500 m ab Standortsgrenze, der äußere von 500 - 1000m.

Zeichnen Sie darauf ein:

- Wichtige Straßen und Schienenwege
- Gewässer und Biotope
- Andere Industriebetriebe
- Schulen, Hochschulen, Internate
- Spitäler, Heime, Kliniken etc
- Wichtige sonstige öffentliche Gebäude

Bitte markieren Sie die Einrichtungen in geeigneter Weise und präzisieren Sie auf dem folgenden Blatt!

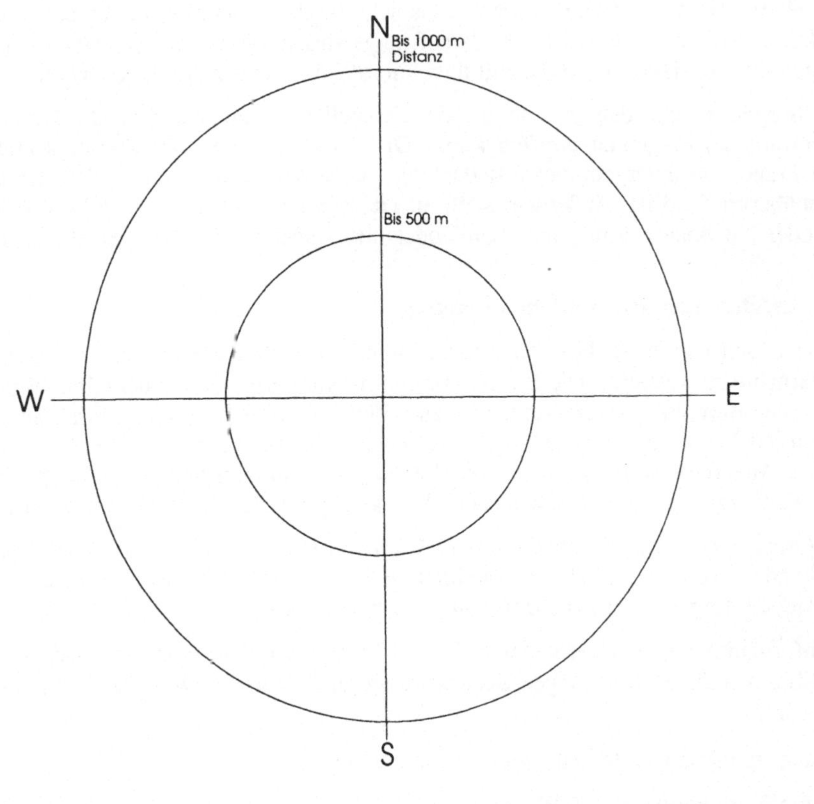


Abbildung 11-4

2. Besonders aufschlußreiche Beobachtungen wurden zum Thema "Rohstoffe" gemacht. Einerseits besitzt der auditierte Betrieb ein eben neu erarbeitetes, sehr detailliertes Abfallwirtschaftskonzept. Andererseits konnte nicht (oder lediglich durch Schätzungen) gesagt werden, welche Rohstoffmengen eingekauft werden. In der Tat waren mehrere Mitarbeiter der Einkaufsabteilung noch bis zum Zeitpunkt des Audit vor Ort damit beschäftigt, aufgrund von Bestellungen und Aufträgen die **Mengen an Rohstoffen** abzuschätzen, die in einem bestimmten Zeitabschnitt von der Produktion verbraucht werden. Nur so läßt sich jedoch eine tragfähige Stoffflußanalyse, welche die Grundvoraussetzung für eine Beurteilung des Rohstoffverbrauchs ist, erstellen. Zusätzlich kompliziert wurde die Sache dadurch, daß, wiederum im Vergleich mit der eingekauften Menge, eine sehr hohe Menge Alteisen zu verzeichnen war. Das Rätsel löste sich, als klar wurde, daß auch ein großer (nicht weiter bekannter) Anteil Alteisen aus der Demontage einer ersetzten Produktionsanlage stammte.

Diese Beobachtungen sollten nicht mit "schlechtem" Umweltmanagement in Verbindung gebracht werden. Vielmehr entsprechen sie der im Umweltbereich immer wieder zu machenden Erfahrung, daß Umweltfragen derzeit in der Industrie fast nie aus ganzheitlicher, überschauender, **proaktiver** Sicht, sondern punktuell und **reaktiv-defensiv** durch das Tagesgeschehen geprägt, angegangen werden, beispielsweise durch den Zwang "unvorhergesehener" Behördenerlasse.

Der Fragebogen enthielt auch Teile, die in diesem Unternehmen anderweitig gut abgedeckt und damit relativ rasch bearbeitet waren. Beispiele hierfür waren etwa Fragen zum Bereich "Produktionsverfahren", wo zu Recht darauf hingewiesen wurde, daß das Unternehmen bereits nach ISO 9001 zertifiziert ist und damit über ein Management-Instrument verfügt.

Wenig Sorgen macht den Auditoren die Feststellung, daß hie und da Lücken bei der Beantwortung der Fragen anzutreffen waren. Dies kann beispielsweise damit zusammenhängen, daß die Frage von untergeordneter Bedeutung ist. Es sei daran erinnert, daß der Fragebogen branchenübergreifend ist. Außerdem stellt an vielen Stellen auch die Nichtbeantwortung einer Frage (oder die Beantwortung mit "nein" oder mit "unbekannt") eine wesentliche Information dar.

### b) Erfahrungen zur zeitlichen Planung

Der Fragebogen wurde per Post rund einen Monat vor dem Feldaudit an den Umweltmanager des Unternehmens versandt. Die Beantwortung erfolgte fristgerecht innerhalb 3 Wochen. Nach Angaben der Befragten waren während dieser Zeit bis zu drei Personen fast ständig mit dem Ausfüllen des Fragebogens beschäftigt, was einem Zeitaufwand von rund 30 - 40 Arbeitstagen entspricht. Außerdem waren auch andere Abteilungen, etwa die Einkaufsabteilung, eingeschaltet worden. Dort waren 3 bis 4 Personen ebenfalls tagelang mit der Datensuche beschäftigt.

Es zeigt sich daher, daß eine detailliertere Beantwortung wesentlich mehr Zeit erfordert. Für einen Standort von der Größe des auditierten Unternehmens dürfte für eine **erste Audit-Befragung** die folgende zeitliche Befristung angemessen sein:

- Vorinformation an das Unternehmen: 3 bis 4 Monate vor dem Feldaudit zwecks Freistellung von Mitarbeitern zur Fragebogen-Beantwortung (und für den Audit selber), mit Angaben zum Zeitbedarf,
- Versand: mindestens 2 Monate vor dem Feldaudit,
- Zeit zur Beantwortung: 4 - 6 Wochen,
- Rücksendung des ausgefüllten Fragebogens: mindestens 2 Wochen vor dem Feldaudit,

- Analyse in Hinblick auf den Audit vor Ort; evtl. Zusammenstellung des Audit-Teams: 2 - 3 Wochen vor dem Audit.

Dabei wird vorausgesetzt, daß während der Beantwortungszeit von ca. 2 Monaten je nach Verfügbarkeit der Angaben etwa **30 - 50 Arbeitstage** auf die Beantwortung zu verwenden wären, dies möglichst verteilt auf mehrere Mitarbeiter und Unternehmensstufen, wie im Fragebogen selber schon vorgezeichnet ist. In diesem Zeitaufwand ist selbstredend der durch den Fragebogen angestrebte **Lern- und Einstimmungseffekt** mitberücksichtigt.

Dies bedeutet, daß in **späteren Schritten, d.h. beim zweiten und allen folgenden Audit-Zyklen, wesentlich weniger Zeit für die Beantwortung erforderlich** sein dürfte: Die Daten müßten dann ja in zugänglicher Form vorliegen und das Managementsystem an sich dafür sorgen, daß die Beantwortung keinerlei Schwierigkeiten bereiten sollte: **Eine Beantwortung in wesentlich kürzerer Zeit ist deshalb zu erwarten.**

c) **Reaktionen der Befragten**

Der Fragebogen erschien den Befragten zwar auf den ersten Blick umfangreich. Sie wiesen aber darauf hin, daß ihnen die Beantwortung die Augen für Sachverhalte geöffnet hat, die ihnen zuvor nicht bewußt gewesen waren. Damit war ein wesentliches der zu erreichenden Ziele voll bestätigt.

Den Beantwortern wurde zudem bald klar, daß zwar die **Möglichkeit** geboten wird, viele Fragen detailliert zu beantworten, dies aber **nicht zwingend** zu geschehen hat. Auch unbeantwortete Fragen oder solche, die durch Beilagen beantwortet sind, können oft genügen.

d) **Analyse der Daten**

Die Analyse der Daten und Angaben aus dem Fragebogen selber wurde im vorliegenden Fall vor allem genutzt für

- die Planung des Audit- Vorgehens vor Ort
- die Zusammenstellung des Audit-Teams und die Verteilung der Aufgaben auf die Teilnehmer

Da das auditierte Unternehmen sich erstmalig mit dem Management- und Auditsystem der EU auseinandersetzte, waren die Antworten zum Umweltmanagementsystem sowie zur Rechtskonformität am wenigsten ergiebig.

### 11.2.4 Schlüsse aus der Fragebogenaktion

Es kann festgehalten werden, daß sich die Benützung eines vorgängig verschickten, gut strukturierten und sämtliche in der Verordnung zu berücksichtigenden Bereiche samt den zugehörigen harten Daten umfassenden **Fragebogens** zumindest für Standorte von der Größe des auditierten **bewährt hat.**

Ein (im wesentlichen dem vorliegenden entsprechender) Fragebogen dürfte demnach mit Sicherheit **von Nutzen oder gar unabdingbar sein**, wenn ein Standort erstmals dem Audit nach EU-System unterzogen wird. Wesentliche Bereiche, zu denen bei erstmalig zu prüfenden Unternehmen Lücken zu erwarten sein dürften, sind

- Angaben zu Bereichen, welche aus betrieblicher Sicht von eher untergeordneter Bedeutung sind, wie etwa die Untergrundbeschaffenheit, die Meteorologie oder die Vorgeschichte des Grundstücks;
- Angaben, welche auf eine möglichst vollständige Erfassung der Stoffflüsse abzielen (v. a. Rohstoffe, deren Verbrauch, Produktionsverluste und daraus entstehende Abfälle). Gemeint ist ein Detailliertheitsgrad, der die wesentlichen Größenordnungen zu erfassen geeignet ist. Eine

weitergehende Detaillierung verursacht erfahrungsgemäß einen Aufwand, wie er durch die zusätzlichen Erkenntnisse kaum gerechtfertigt werden dürfte.

- allgemeine Angaben, Daten, Unterlagen, die aus betrieblichen Gründen **an den verschiedensten Orten in einem Unternehmen gelagert** und genutzt werden.

In einzelnen Bereichen wurde der Fragebogen (zum Beispiel Legal Compliance) firmenspezifisch beim Feld-Audit stark erweitert. Bei diesem Teil besteht besonderer Bedarf, länder- und branchenspezifische Fragestellungen zu berücksichtigen.

Kaum Probleme boten die stellenweise auftretenden Bereiche im Fragebogen, die nicht beantwortet waren, wie beispielsweise die Abfälle. Dafür lag ein Abfallwirtschaftskonzept vor. Gerade dieses Beispiel zeigt, daß der Fragebogen nicht unbedingt branchenspezifisch abgefaßt zu sein braucht, wenn er nur umfassend genug ist. Je nach Branche können unwesentliche Teile einfach übergangen oder summarisch abgehakt werden. Nach dieser Piloterfahrung vertreten die Auditoren vielmehr die Meinung, daß ein möglichst weit gefaßter, auf sämtliche Branchen anwendbarer Fragebogen ebenso gute oder bessere Dienste leistet als eine ganze Serie branchenspezifischer Fragebögen. Denn erst die Beantwortung und der Audit vor Ort zeigen, was an einem bestimmten Standort von Bedeutung ist und was nicht. **Eine branchenspezifische Aufteilung wäre deshalb eine zu frühe und unnötige Einschränkung des Blickwinkels.**

Die Verordnung, mit Augenmaß angewandt, dürfte in der Weiterentwicklung des Umweltverständnisses durch ihre systemische Fragestellung einige Fortschritte bringen. **Ein dem System gerecht werdender Fragebogen wird nicht nur Informationen vom Befragten zum Umweltprüfer transferieren, sondern ist auch als wesentliche Lern- und Orientierungshilfe zu dieser systemischen Betrachtungsweise geeignet.**

Der Audit-Fragebogen kann somit nicht nur bei einer ersten Befragung, sondern auch bei einer Weiterentwicklung des verordnungskonformen Managementsystems und späterer Verwendung für Audits im gleichen Unternehmen durchaus als Orientierungs- und Arbeitshilfe genutzt werden.

## 11.3 Durchführung des Pilotaudits

### 11.3.1 Teamzusammensetzung

Zur Durchführung des Audit vor Ort war ein interdisziplinäres Team zusammengestellt worden, das sämtliche wesentlichen Aspekte der 12 "zu beurteilenden Gesichtspunkte" (Verordnung, Anhang I, Teil C) abzudecken hatte. Die Durchführung erfolgte gemäß den Anforderungen der ISO 10011-1.

Jeder der Experten hatte den ihn betreffenden Gesichtspunkt anhand von Fragebogen-Ergebnissen, der Begehung vor Ort und eventuell zusätzlich erbrachten Unterlagen (Prüf- und Messberichte usw.) so zu bearbeiten, daß ein Bild entstand, das mit den übrigen Team-Mitgliedern nachfolgend besprochen und gegebenenfalls verfeinert oder berichtigt werden konnte.

Das Team stellte sich wie folgt zusammen:

- Jurist/Rechtsanwalt
- Organisations-/Managementberater

  je ein erfahrener Berater in den Bereichen
  - Produktionsverfahren/Abwasser/Abluft/Abfälle/Störfallrisiken

- Energie
- Arbeitsschutz

Der Arbeitsschutz bildet grundsätzlich nicht Gegenstand des EMAS. Die Erfahrungen zeigen jedoch, daß durch eine zumindest summarische Bearbeitung dieses Bereiches das Audit erheblich aufgewertet wird.

### 11.3.2 Die verschiedenen Phasen der Durchführung

Am Vorabend des Audits traf sich das gesamte Audit-Team zu einer Sitzung. Der folgende Zeitplan wurde entworfen und dann auch eingehalten (vgl. der exemplarische Phasenplan bei ICC, 1992):

**1. Arbeitstag:**

- **Sitzung mit der Betriebsleitung, gemeinsame Betriebsbegehung**: Es entspricht traditioneller Audit-Praxis und hat sich auch im vorliegenden Fall bewährt, vor dem Beginn der eigentlichen Arbeiten der Geschäftsführung und den übrigen Beteiligten Ziel und Zweck des Audits zu erläutern und die Aufgaben der anwesenden Auditoren zu beschreiben. Anschließend erfolgte eine kurze Betriebsbegehung durch das ganze Team, anläßlich welcher eine Übersicht insbesondere über die ökotechnischen Bereiche einschließlich der Energie sowie auch über den Arbeitsschutz gewonnen wurde. Dieser Schritt erfolgte gemeinsam durch das gesamte Audit-Team. Aufgrund der Ergebnisse aus dem Fragebogen und der Begehung wurden die Checklisten an die spezifischen Gegebenheiten jeder Untersuchungseinheit soweit notwendig angepaßt und die themenspezifischen Schwerpunkte, d.h. im jeweiligen Umweltbereich besonders untersuchungsbedürftige bzw. aus anderen Gründen besondere Befunde aufweisende Teile des Unternehmens bestimmt.

**2. bis 4. Audittag:**

- **Durchführung des Audit.** Das Audit-Team teilte sich auf zur getrennten Bearbeitung der folgenden Teilbereiche:
  **Legal Compliance:** Rechtsberater des Auditteams zusammen mit dem Juristen und weiteren Mitarbeitern des Unternehmens.
  **Energiebewirtschaftung:** Energiefachmann zusammen mit den für die Untersuchungseinheiten bzw. innerbetrieblich zuständigen Mitarbeitern des Unternehmens.
  **Restliche ökotechnische Aspekte:** Umweltberater zusammen mit den für die Untersuchungseinheiten bzw. innerbetrieblich zuständigen Mitarbeitern des Unternehmens.
  **Arbeitsschutz und Arbeitsplatzsicherheit:** Arbeitsschutzfachmann des Auditteams zusammen mit den innerbetrieblich zuständigen Mitarbeitern des Unternehmens.

**3. Audittag:**

- **Umweltmanagementsystem:** Der Organisations- und Managementberater analysiert in einer gemeinsamen Sitzung zusammen mit einem Vertreter der Geschäftsführung sowie dem Qualitätsmanager das Managementsystem.

- **Erste Auswertung der Informationen, Feststellen von Lücken:** Diese Tätigkeit erfolgte jeweils abends in einer gemeinsamen Sitzung des Audit-Teams, bei Gelegenheit der Sitzung mit den Management-Vertretern, und insbesondere in den letzten zwei Tagen.

**4. und 5. Audittag:**

- **Nachfassen, Sammeln von ergänzenden Informationen** (soweit notwendig); Abfassen eines Kurzberichtes mit den wichtigsten Befunden.

- **Präsentation** der wichtigsten Audit-Ergebnisse durch das Audit-Team und Besprechung vor der Geschäftsführung in Anwesenheit des Qualitätsmanagers und des Umweltbeauftragten. Es hat sich - nicht nur bei diesem Pilotaudit - gezeigt, daß eine knappe und prägnante Präsentation vor der Geschäftsführung unmittelbar nach der Beendigung der Auditaktivitäten oft eine sehr taugliche Maßnahme darstellt, um der im Verlaufe des Audits aufgebauten Motivation den nötigen Schwung zu verleihen, damit die erörterten Maßnahmen rasch realisiert werden - und nicht unter den Zwängen der Tagesgeschäfte vielleicht für längere Zeit in Vegessenheit geraten.

## 11.4 Auswertung

### 11.4.1 Erfahrungen mit der Einbettung des Audit in das EMAS

Die Hauptfolgerung auf der ökotechnischen Ebene war, daß - wie schon aufgrund der Branche zu erwarten - für das auditierte Unternehmen keine sonderlich schwierig zu lösenden Umweltprobleme bestanden. Es konnte daher ohne große Zwischenschritte der Versuch gewagt werden, entsprechende Verbesserungsvorschläge einschließlich des zugehörigen Managementsystems in einen exemplarischen Umweltbericht zu packen.

Die Verordnung erlaubt die Erstellung einer Umwelterklärung bereits nach der ersten Umweltprüfung (Art. 5 Abs. 1). Dies bedeutet, daß in einer ersten Umwelterklärung auch **Selbstverpflichtungen** zur Gültigerklärung und somit zur Eintragung des Standortes genügen müßten, etwa zur geeigneten Einführung der Elemente des Umweltmanagementsystems. Die Lage wird jedoch dadurch kompliziert, daß, ebenfalls gemäß Verordnung, ein **"Umweltmanagementsystem und ein Umweltprogramm bestehen und am Standort angewandt werden ..."** (Art. 4 Abs. 5 lit. b) muß.

Daraus folgt weiter, daß sich der zugelassene Umweltgutachter schon bei der Prüfung der ersten Umwelterklärung überzeugen muß, ob das (vielleicht eben erst installierte) Umweltmanagementsystem bereits funktioniert. Am ehesten dürfte das Problem zu lösen sein, wenn sich der zugelassene Umweltgutachter in Absprache mit der Unternehmensleitung einige Zeit nach der Umweltprüfung vor Ort selbst und in pragmatischer Weise über Vorhandensein und Funktionsweise überzeugt.

Wie im Umweltbericht erwähnt, bestand das Umweltmanagementsystem beim auditierten Unternehmen zum Zeitpunkt des Audits im wesentlichen darin, daß 4 Mitarbeiter mit der Durchführung von konkreten umweltbezogenen Aufgaben beauftragt waren. Diese verfügen wohl über einen brauchbaren, aber noch bei weitem nicht ganz der Verordnung entsprechenden Überblick über die Umweltbelange am Standort.

Da es sich bei der Umweltbetriebsprüfung gemäß Verordnung, Art. 2 lit. f um ein **Managementinstrument** handelt, das die **Managementkontrolle** erleichtern soll, wäre eine solche Aussage mit den Anforderungen an eine **Umwelterklärung** (Verordnung, Art. 2 lit. h) und ihren in Art. 5 geforderten Inhalten nicht kompatibel. Vielmehr muß der Umweltbericht Empfehlungen und Hinweise enthalten, **wie das Managementsystem und die Betriebsabläufe in Hinblick auf eine zu erstellende Umwelterklärung zu optimieren sind**. Es dürfte deshalb nicht selten vorkommen, daß bei erstmals teilnehmenden Unternehmen der Umweltbericht schon aus Gründen der Vertraulichkeit gar nicht als Umwelterklärung verwendet werden darf. Dies wäre dann der Fall, wenn darin beispielsweise Sachverhalte zur Sprache kämen, bei denen es um die Korrektur gesetzlich nicht zulässiger Tatbestände ginge.

Zu beachten ist, daß das zweite Dokument, die **Umwelterklärung, an den selben Grundsätzen orientiert, aber anders abgefaßt** zu sein hat. Damit ist auch gesagt, daß es ebensogut von jemand anders verfaßt sein könnte. Im vorliegenden Projekt war deren Abfassung Aufgabe der Auftragnehmer. Es zeigte sich, daß die Umwelterklärung als logische Folge aus dem Umweltaudit bzw. der ersten Umweltprüfung viel oder alles aus dessen Folgerungen und Empfehlungen zu übernehmen hat. Damit scheint jetzt schon naheliegend, daß zumindest ein **inhaltlicher Entwurf zu einer Umwelterklärung am besten (nach Rücksprache mit der Unternehmensleitung) durch die Betriebsprüfer selber geliefert wird**. Deren grafische Ausgestaltung mag danach immer noch den darin bewanderten Spezialisten überlassen bleiben.

Im folgenden werden die wesentlichen Erkenntnisse aus der Audit-Tätigkeit im Sinn einer **Umweltbetriebsprüfung**, angewendet als Teil des Umweltmanagementsystems, zusammengefaßt. Zum besseren Verständnis sei zum einen noch einmal auf die Definition der Umweltbetriebsprüfung in der Verordnung, Art. 2, lit. f, hingewiesen, zum anderen darauf, daß nach Meinung der Betriebsprüfer hierzu nicht nur der Audit vor Ort, sondern auch dessen **Vorbereitung** (durch Fragebogen), die **Auswertung**, und die **Berichterstattung** im Umweltbericht zu zählen sind:

### 11.4.2 Bemerkungen zur Fragebogenaktion

Trotz des großen Umfangs des Fragebogens hatten die Umweltverantwortlichen weniger Mühe damit als erwartet. Die in den Aufbau übernommene Logik ersparte vielmehr einerseits einen beträchtlichen Aufwand an Zeit und Erklärungen gegenüber dem Unternehmen. Andererseits erlaubte er eine Strukturierung der Betriebsdaten, die eine Analyse gemäß den Vorgaben der Verordnung erlaubte. Obwohl er das Feldaudit nicht ersetzt, bildete er (nicht zuletzt durch seinen eng von den verschiedenen Teilen der Verordnung entlehnten Aufbau) von Anfang bis Ende des Ablaufes eine wichtige Basis, an welcher sich Betriebsprüfer und Betriebsverantwortliche orientieren konnten.

Ein strukturierter **Fragebogen** wird daher **für Umweltprüfung wie für Umweltbetriebsprüfung** als äußerst nützlich, wenn nicht gar als **unabdingbar** angesehen. Weiters erscheint eine Anpassung des Fragebogens im Sinne der Praktikabilität an **branchenspezifische Gegebenheiten weder dringlich noch unbedingt von Vorteil**, da einerseits Überflüssiges bei der Beantwortung ohne weiteres ausgelassen, andererseits bei branchenspezifischer Einengung Vergleichbarkeit und Überblick verloren gehen könnten. Ein nach Branchen vertiefter Fragebogen wiederum könnte den Fragebogen an Umfang durch Detailtreue um soviel oder mehr aufblähen, wie er vielleicht durch Einsparen gewisser Teile zuvor schlanker geworden wäre.

**Denkbar wäre die Verwendung von vereinfachten bzw. kurz gefaßten Fragebögen**, dies etwa **für kleinere Unternehmen und Standorte**. Dabei muß aber gewährleistet bleiben, daß jeder der von der Verordnung geforderte Aspekt berücksichtigt bleibt.

Beim "**Legal Compliance**"-Teil kommen die Verfasser zum Schluß, daß man auch in EU-Ländern einstweilen nicht darum herum kommen wird, den Fragebogen nicht nur **länderspezifisch anzupassen**, d.h. auf die Gesetzgebung der einzelnen Länder im Detail einzugehen, sondern ihn zusätzlich branchen- und einzelfallspezifisch zu vertiefen.

### 11.4.3 Audit vor Ort

Ein **Feldaudit vor Ort,** vorzugsweise durch mehrere Experten, wird **nach wie vor notwendig** sein. Hier sollte nicht gespart werden. Ein interner Betriebsprüfer wird seinen Betrieb sehr gut kennen müssen; externe Betriebsprüfer müssen Zugang zu sämtlichen Daten und Akten, aber auch Betriebsanlagen erhalten. Letztere sollten für ihre Arbeit vor Ort an mittleren Standorten mindestens drei bis vier Tage zur Verfügung haben. Außerdem müssen sie auf betriebliche Unterstützung zählen können.

# 12 Schnittstellen mit dem Qualitätsmanagement

## 12.1 Was ist Qualitätsmanagement?

Einer der ersten Schritte jedes Managementsystems besteht darin, das Unternehmen, die Organisation, Trägerschaft usw. aufgrund möglichst sinnvoller Kriterien zu strukturieren, so daß alle Aktivitäten, die in diesem System erfolgen oder davon ausgehen, systematisch und lückenlos erfaßt werden können. Je nach Zweck des Managementsystems wird diese Systematik anders aussehen. So wird ein Finanz-Managementsystem sich in erster Linie nach den Geldströmen orientieren, währenddem ein System für das Personal-Management (Einstellung und Entlassung von Personal, Aus- und Weiterbildung, Beförderungen, Nachwuchsplanung usw.) nach anderen Kriterien gegliedert sein wird.

Ausgangspunkte für die Erstellung von Qualitätsicherungssystemen war - wie es der Name bereits vermuten läßt - die Absicht, die Qualität der auf den Markt gebrachten Produkte gewährleisten zu können. Dies war beispielsweise in der pharmazeutischen Industrie, insbesondere bei den Arzneimitteln, seit jeher eine unerläßliche Notwendigkeit. Die Qualitätsprüfungen umfaßten dabei in erster Linie die Kontrolle des Reinheitsgrades der verwendeten Rohstoffe und Zwischenprodukte. In den meisten Industrieländern wird zudem seit langem von Gesetzes wegen die Übereinstimmung der tatsächlichen Zusammensetzung der Endprodukte mit den deklarierten Werten gefordert. Aber auch in vielen Bereichen der Maschinenbauindustrie war (und ist) Qualität ein sehr wichtiges Kriterium, wobei hier eher Aspekte der Toleranzen (zum Beispiel im Werkzeugmaschinenbau), der Zuverlässigkeit, der Lebensdauer, der Wartungsintervalle und letztlich auch des Image im Vordergrund stehen.

Im Verlaufe der Zeit wurde der anfänglich eng gefaßte Begriff der "Qualität" laufend erweitert. Heute gehen die gängigen Qualitätssicherungsysteme weit über das hinaus, was sich der Laie üblicherweise unter diesem Begriffe vorstellt (mittlerweile wird deshalb der Begriff "Qualitätssicherung" immer häufiger durch den umfaßenderen Begriff "Qualitätsmanagement" ersetzt). Die Ausdehnung des Begriffs "Qualität" kann am besten durch das Qualitätsicherungssystem nach ISO 9000 ff. illustriert werden, welches in den letzten Jahren vor allem bei der Industrie auf große Resonanz gestoßen ist und eine ungemein starke Verbreitung erfahren hat. Dessen Struktur umfaßt die bekannten 20 Elemente, die in Abbildung 12-1 dargestellt sind.

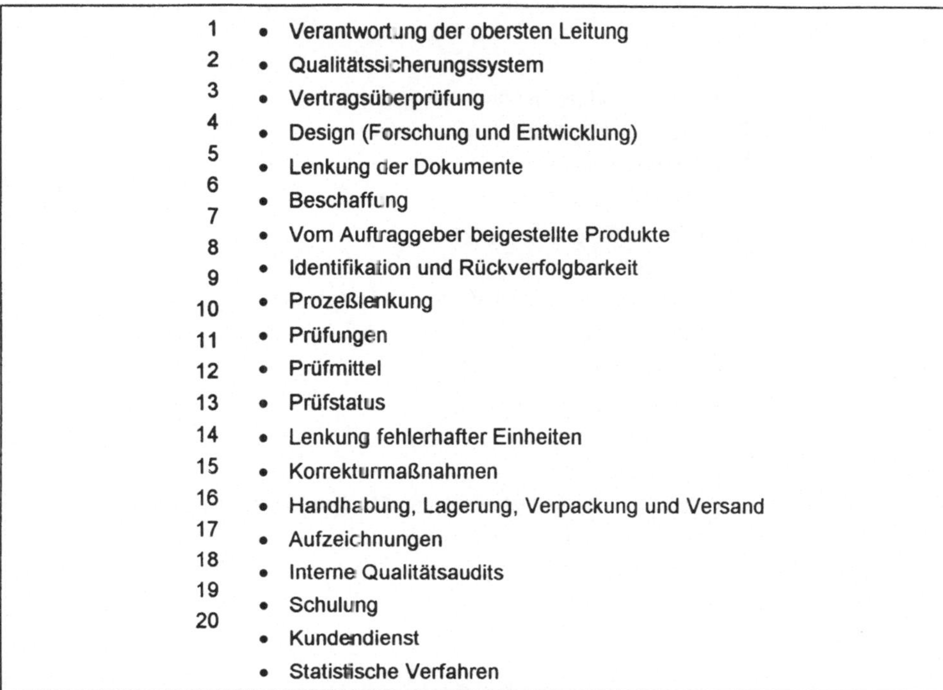

1 • Verantwortung der obersten Leitung
2 • Qualitätssicherungssystem
3 • Vertragsüberprüfung
4 • Design (Forschung und Entwicklung)
5 • Lenkung der Dokumente
6 • Beschaffung
7 • Vom Auftraggeber beigestellte Produkte
8 • Identifikation und Rückverfolgbarkeit
9 • Prozeßlenkung
10 • Prüfungen
11 • Prüfmittel
12 • Prüfstatus
13 • Lenkung fehlerhafter Einheiten
14 • Korrekturmaßnahmen
15 • Handhabung, Lagerung, Verpackung und Versand
16 • Aufzeichnungen
17 • Interne Qualitätsaudits
18 • Schulung
19 • Kundendienst
20 • Statistische Verfahren

Abbildung 12-1: Die 20 Elemente des Qualitätssicherungssystems nach ISO 9001

Zwischen der Qualitätssicherung nach ISO und weiter entwickelten Systemen, wie beispielsweise solche, die die Bereiche "Umwelt" oder "Arbeitssicherheit/Arbeitsschutz" beinhalten, bestehen keine grundsätzlichen Unterschiede. Sie stellen Weiterentwicklungen des ursprünglich den Begriff der "Qualität" im engeren Sinn beinhaltenden Systems dar. Das Ende dieser Entwicklung gipfelt im Total-Quality-Management, welches einem ganzheitlichen, d. h. sämtliche Bereiche des Unternehmens umfassenden Qualitätsmanagement entspricht. Qualität und Umwelt sind dabei in den einzelnen Bereichen integriert, siehe Abbildung 12-2.

Als weiteres Merkmal des Qualitätssicherungssystems nach ISO ist die **dreiteilige Struktur** zu nennen, welche auf den Stufen **Handbuch, Qualitätssicherungsverfahren und den** eigentlichen **Qualitäts- bzw. Arbeitsanweisungen** basiert. In der Abbildung 12-3 bedeutet "QU", daß die Bereiche "Qualität" und "Umwelt" zusammengefaßt wurden und damit einander gleichgestellt behandelt werden.

Im **Qualitätshandbuch** werden die **Grundsätze** festgelegt. Dazu gehören in erster Linie die Unternehmenspolitik in bezug auf die Qualitätssicherung sowie die Organisationsstruktur, welche zur Umsetzung der (festgelegten) Unternehmenspolitik erforderlich ist. Diese Struktur umfaßt sämtliche Hierarchiestufen mit den dazugehörigen Verantwortungsbereichen und ist demzufolge auch entsprechend der personellen Besetzung periodisch nachzuführen.
In den restlichen Elementen werden die grundlegenden Arbeitsabläufe festgelegt, so zum Beispiel wer für welche Aufgaben zuständig ist, d. h. wer letztlich dafür die Verantwortung trägt, welche Stellen bzw. Personen zu welchem Zwecke zu konsultieren sind, von welchen Tätigkeiten Aufzeichnungen zu führen bzw. welche zu dokumentieren sind, usw..

1 • Verantwortung der obersten Führung
2 • Total Quality Management System
3 • Strategie und Planung
4 • Forschung und Entwicklung
5 • Beschaffung und Logistik
6 • Produktion
7 • Ressourcenbewirtschaftung und Entsorgung
8 • Verkauf, Marketing und PR
9 • Lenkung der Dokumente
10 • Controlling inkl. Auditing
11 • Instandhaltung
12 • Personalwesen
13 • Verwaltung und Nebenanlagen (Kantine, Tankstelle, usw.)
14 • Finanz- und Rechnungswesen
15 • Vertrieb
16 • Kundendienst

Abbildung 12-2: Mögliche Struktur eines Total-Quality-Management-Systems

Die **Qualitätssicherungsverfahren (QSV)** beschreiben die grundsätzlichen Verfahrensabläufe und die konkreten Verantwortungen auf den Stufen Mitarbeiter, Linie und Management, einschließlich des Qualitäts- und Umweltmanagements. Die Verfahren beschreiben:

- welche Tätigkeiten durchzuführen sind,
- wie die Überwachung zu erfolgen hat,
- welche Tätigkeit wie zu dokumentieren ist und schließlich
- wer wofür verantwortlich ist.

Hingegen bildet das "wie" etwas getan werden muß Gegenstand der nächsttieferen Stufe, der **Qualitätsanweisungen** bzw. der **Arbeitsanweisungen**. Hier findet man die Anweisungen, wie beispielsweise ein Meßgerät oder eine Anlage bedient werden muß, welche Ergebnisse in welchem Dokument aufzuzeichnen sind bzw. welche Beobachtungen über die Funktionsweise einer Anlage schriftlich festzuhalten sind.

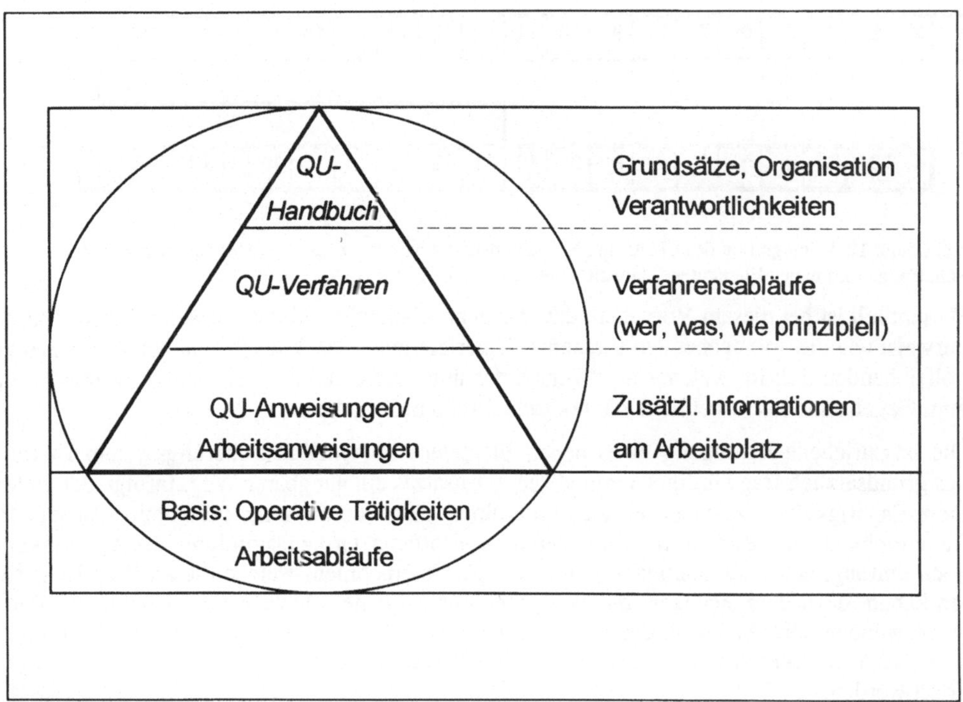

Abbildung 12-3

## 12.2 Die Integration des Umweltmanagement in das ISO-Qualitätssicherungssystem

Mit dem Inkrafttreten der Verordnung (EWG) Nr. 1836/93 vom 29. Juni 1993 über die freiwillige Beteiligung gewerblicher Unternehmen an einem Gemeinschaftsystem für das Umweltmanagement und die Umweltbetriebsprüfung (im folgenden kurz als EMAS für *E*nvironmental *M*anagement and Audit-*Scheme* bezeichnet) ist ein erster wichtiger Schritt vom "klassischen", d. h. reaktiven, primär auf behördliche Anordnungen wartenden Umweltschutz zu einem proaktiven und eigenverantwortlichen Umweltmanagement vollzogen worden. In der EMAS-Verordnung sind die Anforderungen an ein Umweltmanagementsystem wohl klar umrissen, bis zur konkreten Anwendung im Unternehmen besteht allerdings noch ein beträchtlicher Strukturierungs- und Erläuterungsbedarf.

Ein häufig gewähltes Verfahren, das EMAS in ein Qualitätsmanagementsystem zu integrieren, besteht darin, daß beispielsweise den bereits bestehenden - mindestens 20 Elementen - ein neues Umweltelement hinzugefügt wird. Dieses Umweltelement erhält anschließend dieselbe Grundstruktur, welche der übergeordneten entspricht. Bildlich sieht das etwa so aus:

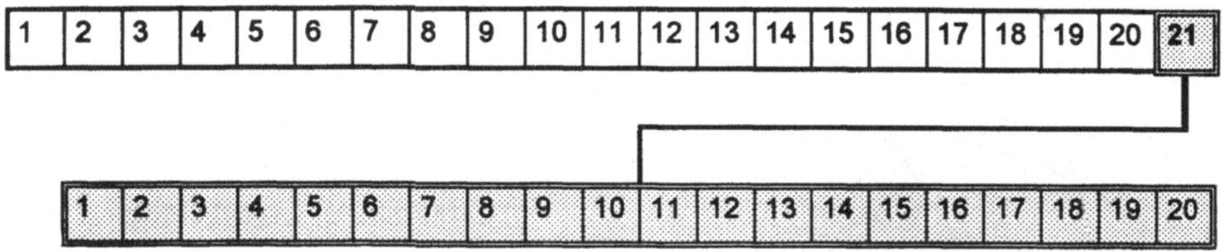


Abbildung 12-4: Integration des EMAS in ein Qualitätsicherungssystem nach ISO 9001; erster Schritt: Schaffung eines neuen Elementes "Umwelt" (hier: Element Nr. 21)

Wesentlich ist bei diesem Vorgehen, daß das neue Element wiederum dieselbe Grundstruktur aufweist wie die vorangehenden Elemente. Unterläßt man dies, können sich beim nächsten zu vollziehenden Schritt, welcher die "Verschmelzung" der Qualitäts- mit den Umweltaspekten zum Gegenstand hat, erhebliche methodische Probleme ergeben.

Die beschriebene Erzeugung eines neuen Elementes im Qualitätssicherungssystem ist trotz des grundsätzlich fragwürdigen methodischen Ansatzes ein gangbarer Weg. Infolge der vielen Doppelspurigkeiten zeichnet er sich allerdings nicht durch eine besondere Anwenderfreundlichkeit aus. Zudem wird die bereits beachtliche Ordnersammlung des QS-Systems noch umfangreicher. Deshalb sind bereits einige Unternehmen, welche diesen Weg beschritten haben, dazu übergegangen, das neu geschaffene Element lediglich als Übergangslösung zu verwenden. Dies bedeutet, daß in einem weiteren Schritt die Inhalte aus dem neu geschaffenen Element sukzessive entfernt bzw. schrittweise in die bestehenden 20 Elemente integriert werden.

Aber auch in dieser Form stellen die vielen Dokumente insbesondere für Linienmanager noch kein geeignetes Instrument dar. Deshalb ist es unabdingbar, daß tabellarische oder checklistenähnliche Übersichten erstellt werden, auf welchen sämtliche Aufgaben sowie die Zuständigkeiten aller in das Managementsystem involvierten Hierarchiestufen knapp und übersichtlich dargestellt sind und ein rasches Auffinden der Detailinformationen ermöglichen.

Auf diese Weise kann sichergestellt werden, daß ein Managementsystem nicht nur in der Form einer Vielzahl von Ordnern existiert, welche von (fast) niemandem zur Kenntnis genommen werden, sondern auch gelebt wird. Darin muß letztlich das Ziel unserer Anstrengungen liegen.

## 12.3 Konkrete Integration des EMAS in ein Qualitätssicherungssystem nach ISO 9001

Die folgenden Ausführungen fassen die bisherigen Erfahrungen zusammen, wie sie im Verlaufe des Jahres 1994 bei verschiedenen konkreten Projekten gesammelt werden konnten. Die Unternehmen, welche von den Autoren beraten wurden, verfügten über ein bereits funktionierendes Qualitätssicherungssystem nach ISO 9001 oder waren dabei, den Aufbau desselben im Verlaufe der nächsten Monate abzuschliessen. Das Vorgehen erfolgte immer nach demselben Muster:

1. Durchführung eines Audits gemäß der EMAS-Verordnung der EU.
2. Ermittlung des Handlungsbedarfs für den Aufbau (bei einigen Betrieben) und für die Integration des Umwelt-Managementsystems in das bestehende oder in Aufbau begriffene Qualitätssicherungsystem.

Bevor auf die 20 Elemente näher eingegangen wird, ist darauf hinzuweisen, daß für die Integration des Bereiches Umwelt in das Qualitätsicherungssystem eine ganze Reihe von Begriffen zu klären und Definitionen festzulegen sind. Ein Teil dieser Begriffe ist in der EMAS-Verordnung der EU erläutert, bei anderen wird man Mühe haben, praktikable und allgemein anerkannte Definitionen zu finden. Dies rührt zum Teil daher, daß vor allem im Umweltschutz Grauzonenbereiche existieren und oft einer (subjektiven) persönlichen Sicht des Betrachters unterliegen. Ein gutes Beispiel hierfür liefert der Begriff der Umweltrelevanz. Kein Umweltmanagementsystem wird darum herumkommen, für ein Unternehmen bzw. einen Standort diejenigen Prozesse, Aktivitäten, Stoffe, Emissionen usw. festzulegen, die als umweltrelevant zu bezeichnen sind und damit Teil des EMAS bilden. Da der Erlaß von Rechtsvorschriften meist hinter der Realität zurückbleibt, kann es durchaus noch umweltrelevante Bereiche geben, die nicht bzw. noch nicht durch den Gesetzgeber geregelt sind.

Im Bereich der "Qualität" taucht dieses Problem kaum auf. Es ist Sache des Unternehmens, festzulegen, was darunter fällt und welche Bereiche auszuklammern sind, zumal keine Einengungen durch nationale Gesetze bestehen.

### 12.3.1 Verantwortung der obersten Leitung

Im Rahmen des EMAS kommt dem **Element 1 "Verantwortung der obersten Leitung"** eine zentrale Bedeutung zu. Denn hier ist auf so zentrale Themen einzugehen wie

- die Umweltpolitik des Unternehmens,
- die Organisation,
- die Grundsätze der Umweltverantwortung auf Stufe Mitarbeiter, Linie und Management sowie
- die Bewertung des Umweltsystems durch das Management.

#### Umweltpolitik

Ausgangspunkt jedes Managementsystems ist eine festgelegte Politik (Qualitätspolitik, Umweltpolitik usw.). Bei internationalen Konzerngesellschaften wird meistens die Konzernpolitik festgelegt. Im Bereich Umwelt können Ländergesellschaften aufgrund unterschiedlicher Umweltgesetzgebung durchaus Länderpolitiken aufweisen, welche von derjenigen der obersten Konzernebene in einzelnen Punkten voneinander abweichen. Die oberste Leitung hat durch organisatorische Maßnahmen sicherzustellen, daß diese Politik auf allen Ebenen verstanden, umgesetzt und "gelebt" wird.

#### Verantwortlichkeiten

Mit dem Inkrafttreten der EMAS-Verordnung erhält der Umweltschutz in den Unternehmen, welche an diesem Ssytem freiwillig teilhaben, eine Aufwertung. Die Einbindung des Umweltschutzes in die Verantwortung der obersten Führung führt auch zu einer Ablösung des bisherigen Konzeptes des betrieblichen Umweltschutz-, Immissionßchutz- und anderen Beauftragten. Diesen ausgewiesenen Fachspezialisten kam primär die Aufgabe zu, als Berater oder Ausbilder für den Umweltschutz im Betrieb besorgt zu sein, über Entscheidungskompetenzen verfügten sie in den meisten Fällen nicht.

Mit der EMAS-Verordnung liegt die Verantwortung für die Belange des Umweltschutzes bei der obersten Geschäftsführung. In der periodisch herauszugebenden Umwelterklärung hat das Unternehmen überdies, nebst den Informationen über die ökologischen und technischen Bereiche (Emissionen, Energie- und Ressourcenverbrauch usw.), glaubhaft darzulegen, daß es über ein Managementsystem verfügt, welches in der Lage ist, aufgrund der Umweltpolitik und der periodisch festzulegenden (standortbezogenen) Umweltziele mit Hilfe von Umweltprogrammen eine ständige ökologische Verbesserung zu erreichen. Um die Bedeutung des Umweltmanagementsystems hervorzuheben, sei vermerkt, daß eine Umwelterklärung auch dann als ungültig erklärt werden könnte, wenn die Umweltziele erreicht sind, das Managementsystem hingegen ungenügend ist.

Deshalb wird ein zertifizierungswilliges Unternehmen kaum darum herumkommen, einen Umweltmanager zu benennen (analog zum Qualitätsmanager, bei entsprechenden fachlichen Voraussetzungen auch beides in Personalunion). Je nach Betriebsgröße wird es sich dabei um eine zusätzliche Stelle handeln oder der Posten wird durch einen dafür geeigneten betrieblichen Umweltschutz-, Immissions- oder Abfallbeauftragten usw. besetzt.

**Organisation**

Ein Entscheid von einer gewissen Tragweite ist die organisatorische Eingliederung des Umweltmanagers. Allerdings gilt wie bei allen Organisationsfragen auch hier, daß keine Organisationsform nur Vorteile hat. Überdies dürften Persönlichkeit, Kompetenz und Durchsetzungsvermögen des Umwelt- (wie auch des Qualitäts-) managers wichtiger sein als seine organisatorische Eingliederung. Trotzdem sollten, in Abhängigkeit von der Unternehmenscharakteristik, gewisse Grundsätze unbedingt berücksichtigt werden, um überflüssige Reibungsverluste zu vermeiden. An dieser Stelle wird darauf hingewiesen, daß eine identische Organisation für Qualitäts- und Umweltmanagement durchaus eine gute Lösung sein kann. Es gibt aber sicher Branchen oder Tätigkeitsgebiete, bei welchen dies in keiner Art und Weise zutrifft. Liegt beispielsweise der Schwerpunkt im Bereich Qualitätssicherung in der Produktion oder Fertigung, ist der Qualitätsmanager möglichst nahe beim entsprechenden Linienmanager anzusiedeln. Weist gleichzeitig die Produktion keine nennenswerten Umweltprobleme auf, hingegen die Entwicklung von neuen Produkten, ist der Umweltmanager so zu positionieren, daß er seinen Einfluß im Bereich F + E möglichst stark geltend machen kann, d. h. sicher nicht in der Linie (siehe Abbildung 12-5).

| Eingliederung des Umweltmanagers | Position | Vor(+) - und Nachteile (-) | Zusätzliche Maßnahmen |
|---|---|---|---|
| Produktion | dem Linienmanager unterstellt | (+) effiziente Lösung der aktuellen Probleme<br>(-) Unterstützung F+E ev.schwierig<br>(-) wenig Zeit für die Beratung der Geschäftsführung | Kommunikation mit F + E ist sicherzustellen |
| F + E | dem Leiter F + E unterstellt | (+) effiziente Unterstützung F+E<br>(-) Durchsetzung bei Produktion eventuell schwierig | 1 Mitarbeiter aus U/Q ist ggf. in der Produktion einzuteilen, z. B. betriebl. UWS-Beauftragter |
| Eigener Bereich (ev. gleichzeitig U/Q-Manager) | Mitglied der Geschäftsführung | (+) effiziente Umsetzung der Bereiche Umwelt/ev. Qualität<br>(-) Teure Lösung, Wasserkopf<br>(-) Durchsetzung bei Produktion eventuell problematisch | 1 Mitarbeiter aus U/Q ist ggf. in der Produktion einzuteilen, z. B. betriebl. UWS-Beauftragter, ev. 1 weiterer in F + E |

Abbildung 12-5: Vor- und Nachteile verschiedener Organisationsformen des Umweltmanagements

Für das Unternehmen gilt es nun, den Umweltmanager organisatorisch optimal einzugliedern, dies unter Berücksichtigung

- der heutigen umweltspezifischen Situation: liegen die Probleme eher bei der Produktion, beim Versand, bei den Produkten (Entsorgung, Haftungsfragen, usw.), bei den Rohstoffen, den Lieferanten, oder im umweltpolitischen Bereich?
- falls gleichzeitig Qualitätsmanager in Personalunion: den Anforderungen an die Qualitätssicherung;
- der Größe und der wirstchaftlichen Möglichkeiten des Unternehmens.

Unabhängig von der organisatorischen Eingliederung des Umweltmanagers sind und bleiben jedoch die Linienmanager auf allen Stufen verantwortlich für die Einhaltung der umweltrechtlichen Vorschriften sowie der Umweltprogramme. Dabei werden sie durch den Umweltmanager oder die in ihrem Bereich eingeteilten Umweltbeauftragten unterstützt.

### 12.3.2 Umweltmanagementsystem

Im **Element 2 wird das "Umweltmanagementsystem"** des Unternehmens definiert. Dabei ist sicherzustellen, daß alle Umweltanforderungen lückenlos erfüllt werden können. Diese ergeben sich einerseits aus der Notwendigkeit der Rechtskonformität und anderseits aus der EMAS-Verordnung.

**Konformität mit dem Umweltrecht**

Die Rechtskonformität ist ein sehr wesentlicher Aspekt des Umweltmanagementsystems und unterscheidet sich diesbezüglich grundlegend vom Qualitätsmanagement, welches keine rechtliche Grundlage aufweist. Darüber hinaus erfordert das Umweltmanagement die Konformität nicht mit einer (einheitlichen) europäischen Gesetzgebung, sondern, zumindest vorderhand, mit nationalen Umweltvorschriften. Diese können nicht nur von Mitgliedstaat zu Mitgliedstaat, sondern zum Teil auch innerhalb der Mitgliedstaaten erhebliche regionale Unterschiede aufweisen, so etwa auf der Stufe von Bundesländern.

Die Teilnahme am EMAS erfordert eine betriebliche Umweltpolitik, die nicht nur die Einhaltung aller einschlägigen Umweltvorschriften vorsieht, sondern auch eine Verpflichtung zu einer durch die Umweltziele vorgegebenen kontinuierlichen Verbesserung des Umweltschutzes beinhaltet.

Diese Anforderung erscheint auf den ersten Blick einfach zu erfüllen. Geht man den damit verbundenen Fragen jedoch auf den Grund, ist bald zu erkennen, daß dafür ein beträchtlicher Aufwand zu leisten ist. In der Praxis hat sich gezeigt, daß die folgenden Voraussetzungen erfüllt sein müssen, um die Rechtskonformität zu gewährleisten:

1. Kenntnis der für das Unternehmen **anwendbaren** Rechtsvorschriften;
2. Kenntnis der Rechtsvorschriften, welche für das Unternehmen **derzeit gültig** sind (d. h. welche konkret zu befolgen sind);
3. Information an die Geschäftsführung und Linienmanager aller Stufen, wer für die **Befolgung der einzelnen Rechtsvorschriften verantwortlich** ist;
4. Systematische Erfassung der Änderung bestehender und der Inkraftsetzung neuer Rechtsvorschriften, Verfahren gemäß Ziffern 1. bis 3.

Diese Aufgaben können von den Unternehmen in der Regel nicht ohne rechtlichen Beistand (internen oder externen) gelöst werden. Zudem stellt sich die Frage der Kosten, welche für große Unternehmen mit eigenen Rechtsabteilungen weniger ins Gewicht fallen. Hingegen ist der Aufwand bereits für mittlere und erst recht für kleine Betriebe beträchtlich, so daß fallweise andere Lösungen geprüft werden müssen (zum Beispiel Zusammenschluß mehrerer Unternehmen aufgrund ihrer Branchenzugehörigkeit).

**Umweltmanagementsystem nach EU-Verordnung (EMAS), Anhang I**

Das Umweltmanagementsystem ist derart auszustatten, anzuwenden und aufrechtzuerhalten, daß es die Erfüllung der nachstehend definierten Anforderungen gewährleistet. Im weiteren sind die Verantwortlichkeiten für die einzelnen Punkte Nr. 1 bis 7 des Systems im einzelnen festzulegen (in der Regel Geschäftsführung oder Umweltmanager).

**1. Umweltpolitik, -ziele und Programme**

Die Umweltpolitik ist Sache der höchsten Managementebene. Weiters ist festzuhalten, auf welchen Stufen und in welchen Zeitintervallen Umweltziele und Umweltprogramme festgelegt werden.

**2. Organisation und Personal**

In diesem Bereich sind die Verantwortung und Befugnisse der Linienmanager, welche die Arbeitsprozesse mit Auswirkungen auf die Umwelt leiten, zu regeln. Ebenso sind die Befugnisse und Verantwortung des Umweltmanagers (d. h. des Managementvertreters) festzulegen. Schließlich ist zu gewährleisten, daß sich die Beschäftigten auf allen Ebenen insbesondere bewußt sind über

- die Bedeutung der Einhaltung der Umweltpolitik und -ziele
- die möglichen Auswirkungen ihrer Arbeit auf die Umwelt

- Kontrollierte und unkontrollierte Emissionen in die Atmosphäre;
- kontrollierte und unkontrolllierte Ableitungen in Gewässer oder in die Kanalisation;
- feste und andere Abfälle, insbesondere gefährliche Abfälle;
- Kontaminierung von Erdreich;
- Nutzung von Boden, Wasser, Brennstoffen und Energie sowie anderen natürlichen Ressourcen;
- Freisetzung von Wärme, Lärm, Geruch, Staub, Erschütterungen und optische Einwirkungen;
- Auswirkungen auf bestimmte Teilbereiche der Umwelt und der Ökosysteme.

Abbildung 12-6: Verzeichnis der Auswirkungen mit besonderer Bedeutung

- ihre Rolle und Verantwortung bei der Erhaltung der Umweltpolitik und der Umweltziele sowie der Anforderungen des Managementsystems
- die möglichen Folgen eines Abweichens von den festgelegten Arbeitsabläufen.

**3. Auswirkungen auf die Umwelt**

Die Umweltauswirkungen der Tätigkeit des Unternehmens am Standort sind zu prüfen und zu beurteilen. Von den **Auswirkungen, deren besondere Bedeutung festgestellt** worden sind, ist ein Verzeichnis zu erstellen. Dieses beinhaltet die folgenden Aspekte

a) bei normalen Betriebsbedingungen;

b) bei abnormalen Betriebsbedingungen;

c) als Folge von Vorfällen, Unfällen und möglichen Notfällen (Störfällen);

d) früheren (Altlasten), laufenden oder geplanten Tätigkeiten (siehe Abbildung 12-6).

**4. Aufbau- und Ablaufkontrolle**

Die Aufbau- und Ablaufkontrolle umfaßt

- die Festlegung von **Aufbau- und Ablaufverfahren,** d. h. die Ermittlung von Funktionen, Tätigkeiten und Verfahren, die sich auf die Umwelt auswirken oder auswirken können und für Politik und Ziele des Unternehmens *relevant* sind;
- die durch das Unternehmen ausgeführte **Kontrolle** der Einhaltung der Anforderungen, die das Unternehmen im Rahmen seiner Umweltpolitik, seines Umweltprogramms und seines Umweltmanagementsystems für den Standort definiert hat, sowie die Einführung und Weiterführung von Ergebnisprotokollen;

- die Untersuchung und **Korrekturmaßnahmen** im Fall der *Nichteinhaltung* der Umweltpolitik, der Umweltziele oder Umweltprogramme des Unternehmens.

**5. Umweltmanagement-Dokumentation**

Damit sollen Aufzeichnungen erstellt werden, um die Einhaltung der Anforderungen des Umweltmanagementsystems zu belegen und zu dokumentieren, inwieweit Umweltziele erreicht wurden (Track-Record). Dazu gehören eine periodisch (zum Beispiel jährlich) zu aktualisierende Beschreibung

- von Umweltpolitik, -zielen und -programmen;
- der Schlüsselfunktionen und Verantwortlichkeiten;
- der Wechselwirkungen zwischen den Systemelementen (Funktionsschema).

**6. Umweltbetriebsprüfungen**

Die Umweltbetriebsprüfungen stellen ein systematisches und regelmäßig durchgeführtes Programm dar, um

- die Frage zu beantworten, ob die Umweltmanagementtätigkeiten mit dem Umweltprogramm in Einklang stehen und effektiv durchgeführt werden;
- die Wirksamkeit des Umweltmanagementsystems hinsichtlich der Umsetzung der Umweltpolitik des Unternehmens zu prüfen.

**7. Umwelterklärung**

Da die Umwelterklärung für die Öffentlichkeit verfaßt wird, ist sie in knapper, verständlicher Form zu schreiben. Aufgrund des erheblichen Public-Relations- und Marketing-Effektes dieser Erklärung wird deren Endredaktion und damit die Verantwortung dafür in der Regel bei der obersten Geschäftsführung liegen.

### 12.3.3 Vertragsprüfung

Die Vertragsprüfung erstreckt sich im Rahmen des EMAS in der Regel auf die folgenden Vertragspartner:

- Lieferanten von Rohstoffen, Halbfabrikaten oder von Teilen und Baugruppen, die zum Beispiel bei einer Fertigung verwendet werden;
- Entsorgungsunternehmen;
- Partnerfirmen;
- Kunden.

Die Prüfung der ökologischen Inhalte in Angeboten und Verträgen erfolgt - soweit relevant - aufgrund der Umweltziele und Umweltprogramme sowie der spezifischen Situation der Vertragspartner. Dabei kommt es darauf an, bereits vor den Vertragsverhandlungen zu prüfen, inwieweit die geltenden Umweltvorschriften bzw. eventuell weitergehende Anforderungen an die Vertragspartner berücksichtigt sind.

### 12.3.4 Designlenkung (Forschung und Entwicklung, F + E)

Bei diesem Element geht es darum, Umweltschutzaspekte bereits in der Phase der Forschung und Entwicklung bzw. der Planung - in der Terminologie der ISO 9001 als Designlenkung bezeichnet - zu berücksichtigen. Die Designlenkung kann auf die zukünftigen Produkte über den gesamten Lebenszyklus Einfluß ausüben, d. h.

- bei der Auswahl möglichst umweltfreundlicher Rohstoffe;
- bei der Planung umweltfreundlicher Herstellungsverfahren;
- bei der Schaffung der Voraussetzungen für eine effiziente Wiederverwertung bzw. für eine umweltgerechte Entsorgung.

In der Praxis ist es erforderlich, daß die Zusammenarbeit zwischen Designleitung einerseits und Umwelt- bzw. Qualitätsmanagement andererseits festgelegt wird.

Auf der fachlichen Ebene sind zudem Kriterien bezüglich der in Frage kommenden Rohstoffe, der Herstellungsverfahren und der Entsorgung zu definieren. Je größer die Zahl der möglichen Alternativen ist, um so stärker besteht ein Erfordernis, diese aufgrund nachvollziehbarer Verfahren zu bewerten (Beispiel: Vergleich der Produktions- und Entsorgungskosten im Verhältnis zum ökologischen Nutzen).

### 12.3.5 Lenkung der Dokumente

Dieses Element bezweckt, daß

- Dokumente definiert und im Unternehmen systematisch erfaßt sind;
- die Erstellung, Prüfung, Freigabe, Registrierung, Verteilung, Ablage und Änderung (inkl. Rückzug) von Dokumenten geregelt ist.

Grundsätzlich unterscheidet sich der Umgang mit Umweltschutz-Dokumenten nicht von demjenigen mit den übrigen.

In der Regel wird die Kompetenz der Herausgabe (d. h. insbesondere die Freigabe) von Dokumenten mit umweltrelevanten Inhalten bei dem Umweltmanager liegen. Für gewisse Dokumente kann allerdings auch eine Delegation an den Umweltbeauftragten erfolgen.

### 12.3.6 Beschaffung

In diesem Element ist die Beschaffung von ökologisch relevanten Materialien festgelegt. Die ökologische Relevanz kann sich dabei auf die folgenden Aspekte beziehen:

- hohe Umweltrelevanz bei der Produktion (zum Beispiel Erdölprodukte und Bergbau, je nach Herkunftsland);
- Gefahrstoff;
- toxikologische Bedenklichkeit bei unsachgemäßer Anwendung (Produktehaftung);
- Problematik bei der Entsorgung (nicht wiederverwertbar, nur bedingt deponierbar, usw.).

Hier ist speziell zu betonen, daß die Entscheidung, ob und inwieweit die aufgeführten Aspekte bei der Beschaffung zu evaluieren und ggf. Maßnahmen einzuleiten sind (zum Beispiel Wahl von anderen Lieferanten, Ersatz gewisser Stoffe durch ökologisch verträglichere, verstärkte Schutzmaßnahmen vor Ort, usw.), ausschließlich von der Umweltpolitik und von den Umweltzielen des Unternehmens abhängig ist. Die Rechtskonformität wird dabei vorausgesetzt. Dabei bleibt einstweilen offen, inwieweit diese in Ländern außerhalb des EU-Raums respektive außerhalb Europas mit vertretbarem Aufwand überprüft werden kann und soll.

Die Erfahrung zeigt, daß die Mehrzahl der mittleren und größeren Unternehmen eine sehr ausgedehnte Zahl von Materialien von Unterlieferanten bezieht. Diese eingekauften Stoffe, Artikel, Bauteile usw. gehen oft in die Tausende. Infolge des meist fehlenden ökologischen Fachwissens der mit der Beschaffung beauftragten Stellen sind diese ohne substanzielle fachliche Unterstützung aus verständlichen Gründen völlig überfordert, irgendwelche Zusatzaufgaben im Bereich des Umweltschutzes wahrzunehmen. Die Unterstützung durch (interne oder externe) Umweltschutzfachleute kann beispielsweise folgende Punkte beinhalten:

- Kennzeichnung der aus ökologischer Sicht kritischen Materialien in den für die Beschaffung verwendeten EDV-Datenbanken;
- Festlegung von Prioritäten aufgrund der ökologischen Beurteilung und zum Beispiel der jährlich eingekauften Mengen (Abstimmung mit Umweltzielen und -programm);
- Ausarbeitung von Prüfkonzepten bzw. Prüfverfahren für die in ökologischer Hinsicht kritischen Materialien. Solche können sein:
- durch den Lieferanten über bestimmte Produkte bereitzustellende Informationen (Sicherheitsdatenblätter, Angaben zum Produktionsprozeß, usw.);
- Integration der ökologischen Prüfung in die allgemeine Lieferantenbeurteilung;
- in Einzelfällen: Durchführung eines Audits beim Lieferanten.
- Erstellung eines Ablaufplanes (wer entscheidet über die durchzuführenden Prüfungen, die Bestellfreigabe, bzw. ggf. einen Lieferantenwechsel oder einen Produktewechsel).

### 12.3.7 Vom Auftraggeber beigestellte Produkte

Bei diesem Element geht es um die Lieferung (Beistellung) von Bestandteilen, Baugruppen usw. durch den Auftraggeber an das Unternehmen zur weiteren Verwendung bzw. zum Einbau in größere Einheiten.

Abgesehen von Ausnahmefällen weisen derartige Beistellungen eine sehr geringe Umweltrelevanz auf. Deshalb kann auf weitere Ausführungen verzichtet werden.

### 12.3.8 Identifikation und Rückverfolgbarkeit

Bei der Identifikation und Rückverfolgbarkeit geht es darum, den Werdegang, d. h. den Entstehungsort, die Entstehungszeit und damit die Herstellungsbedingungen (nachträglich) einwandfrei identifizieren zu können. Daraus geht hervor, daß dieses Element sehr eng mit den Elementen 5 (Lenkung der Dokumente) und 16 (Aufzeichnungen) verknüpft ist. Zusätzlich tritt hier lediglich die Forderung nach einer eindeutigen Kennzeichnung der Produkte auf.

In bezug auf den Umweltschutz sind Identifikation und Rückverfolgbarkeit unterden folgenden Aspekten sicherzustellen:

- Produkte, die zu einer Beinträchtigung der Umwelt führen können (Stichwort: Produktehaftpflicht). Eine ähnliche Situation besteht bereits seit langem im Gesundheitswesen, wo Identifikation und Rückverfolgbarkeit von Heil- und Arzneimitteln gesetzlich verordnet sind,
- Produkte, für welche eine Rücknahmepflicht durch den Hersteller oder durch denjenigen, der dieses in Verkehr gesetzt hat, besteht oder zu erwarten ist,
- Rücknahme von Verpackungsmaterialien.

Bei diesem Element besteht somit eine weitgehende Deckungsgleicheit zwischen den Erfordernissen der Qualitätssicherung und denjenigen des Umweltmanagements.

### 12.3.9 Prozeßlenkung

Bei der Prozeßlenkung geht es darum, die bei Produktion und Fertigung entstehende Umweltbelastung zu erfassen und die entsprechenden Maßnahmen zu deren Herabsetzung vorzusehen.

**Umweltmaßnahmen bei Produktion und Fertigung**

Hier sind in der Regel drei Stufen vorzusehen:

- Stufe 1: Die umweltrelevanten Produktions- und Fertigungsprozesse sind zu definieren. Eine klare Trennung zwischen Umwelt- und Arbeitsschutz sollte unbedingt vorgenommen werden. Oft sind Produktionsprozesse oder -stufen aus der Sicht des Arbeitsschutzes relevant, nicht aber hinsichtlich ihrer Umweltbelastung (z. B. Schweißen, Löten). Aus der Sicht des Praktikers ist es deshalb begrüßenswert, wenn Arbeits- und Umweltschutz möglichst koordiniert durchgeführt werden können bzw. der (in der EMAS-Verordnung nicht vorgesehene) Arbeitsschutz in die Umweltschutzaktivitäten integriert werden kann.
- Stufe 2: Erfüllen die umweltrelevanten Produktions- und Fertigungsprozesse die bestehenden gesetzlichen Anforderungen?
- Stufe 3: Ist in den Umweltzielen bzw. -programmen eine weitergehende - d. h. über die gesetzlichen Vorschriften hinausgehende Reduktion - der Umweltbelastung vorgesehen?

Die umweltrelevanten Produktions- und Fertigungsprozeße sind bezüglich ihrer Umweltauswirkungen zu überwachen und aufzuzeichnen, gegliedert nach

- Luftbelastungen
- Lärmbelastungen und Erschütterungen
- Abwasserbelastungen und
- Abfällen (Vermeidung/Wiederverwertung/Entsorgung).

**Umweltmaßnahmen bei Auswärtsmontage und Inbetriebsetzung**

Ein zusätzlicher Regelungsbedarf ergibt sich bei Unternehmen, welche ihre Produkte am Produktionsstandort herstellen, jedoch beim Auftraggeber oder anderen Ortes montieren und in Betrieb nehmen (zum Beispiel Hersteller von Verkehrsmitteln, Transformatoren usw.). Derartige Auswärtsmontagen und -inbetriebnahmen sind sowohl unter dem Aspekt der Qualitätssicherung als auch des Umweltschutzes den Aktivitäten am Standort selbst zuzurechnen. Bezüglich Umweltschutz stellt sich daher die Frage, welche Standards zur Anwendung gelangen sollen. Dabei können zwei Fälle unterschieden werden:

- Die Umweltvorschriften am Montagestandort sind gleich streng oder strenger als am Produktionsstandort: In diesem Fall müssen die strengeren Vorschriften übernommen werden.
- Die Umweltvorschriften am Montagestandort sind weniger streng als am Produktionsstandort: In diesem Fall sind für die Montage ebenfalls die strengeren, allerdings am Produktionsstandort geltenden Vorschriften anzuwenden. Enthalten die Umweltziele Vorgaben, die über die gesetzlichen Anforderungen hinausgehen, sind diese zu berücksichtigen. Die Begründung dafür ist, daß wenn die Letzteren im Raum der EU Bestandteil der Umweltziele und damit wirtschaftlich tragbar sind, sie es auch in anderen Ländern sein müssen.

Diese Situation macht es erforderlich,

- Die umweltrechtlichen Bestimmungen an externen Montage- und Inbetriebnahmestandorten abzuklären;

- Die entsprechenden Montage- und Inbetriebsetzungsanweisungen gemäß dem Ergebnis dieser Abklärungen anzupassen;
- Die Einhaltung der vor Ort geltenden Bestimmungen zu überwachen und - wenn vorgeschrieben - aufzuzeichnen.

**Umweltmaßnahmen bei der Errichtung und/oder Änderung von Produktionsanlagen**

Hier ist zusätzlich zu den eingangs erwähnten Aktivitäten die Frage der Genehmigungspflicht abzukären sowie eine Genehmigung ggf. zu beantragen.

### 12.3.10 Prüfungen

Ein wichtiger Teil der betrieblichen Umweltschutzaktivitäten besteht in der Messung bzw. Überwachung der umweltrelevanten Größen. Diese beinhalten hauptsächlich

- sicherheitsrelevante Bereiche;
- kritische Bereiche von umweltrelevanten Anlagen, einschließlich Abluft- und Abwasserreinigungsanlagen;
- Emissionen von Produktionsanlagen bzw. von Abluft- und Abwasserreinigungsanlagen;
- evtl. Immissionen im Bereich des Standortes;
- Erfassung der Mengen von Abfällen und ggf. zusätzlich der Zusammensetzung von gefährlichen Abfällen.

Die verschiedenen Meßgrößen sind festzulegen und standardmäßige Prüfpläne zu erstellen. Zudem sind die Prüfungen mit den vorgeschriebenen Mitteln und Meßverfahren durchzuführen und aufzuzeichnen.

Einer systematischen und sorgfältig durchgeführten Prüfung der sicherheits- und umweltrelevanten Größen eines Unternehmens kommt heute sowohl in rechtlicher wie auch in politischer Hinsicht eine hohe Priorität zu.

### 12.3.11 Prüfmittel

Beim Element Prüfmittel geht es um die Beschaffung, Kalibrierung, Wartung und Überwachung von Prüf- und Meßgeräten.

Aus der Sicht des Umweltschutzes kommen keine Aspekte hinzu, welche nicht bereits im Rahmen der Qualitätssicherung berücksichtigt und abschließend behandelt wurden. Auf weitere Ausführungen kann deshalb verzichtet werden.

### 12.3.12 Prüfkennzeichnung (Prüfstatus)

Die Prüfkennzeichnung regelt in der Qualitätssicherung den Zustand für deren Bearbeitung, Einlagerung und Auslieferung. Bezüglich Umweltschutz entstehen hierbei keine zusätzlichen Bedürfnisse, außer der Sicherstellung der Kennzeichnung der Produkte, für die auf Kapitel 12.3.8 verwiesen wird.

### 12.3.13 Lenkung fehlerhafter Produkte

Fehlerhafte Materialien, Halbfabrikate und Produkte oder Fehlchargen sind als solche zu erkennen und sicher von der Fertigung oder Produktion auszuschließen. Soweit möglich, sind fehlerhafte Produkte weiterzuverwenden oder wiederzuverwerten.

Bei Prozeßabweichungen und nicht beabsichtigten Freisetzungen von umweltgefährdenden Stoffen ist die hierfür bezeichnete Person beizuziehen. Diese hat unverzüglich den Umweltmanager zu verständigen.

Für sämtliche Bereiche, bei welchen Freisetzungen von umweltgefährdenden Stoffen möglich sind, sind - soweit gesetzlich nicht bereits vorgeschrieben - Bagatellmengen festzulegen. Die Bagatellmenge für einen bestimmten umweltgefährdenden Stoff und eine vorgegebene Art der Freisetzung (zum Beispiel Eindringen in den natürlichen Boden, Ausfließen in ein Gewässer, Freisetzung in die Atmosphäre) entspricht der Menge, unterhalb derer lediglich unerhebliche Auswirkungen auftreten können.

Bei Ereignissen, deren voraussichtliche Auswirkungen den Bagatellmengenbereich offensichtlich überschreiten, ist aufgrund der einschlägigen gesetzlichen Vorschriften abzuklären, ob eine Meldepflicht an die zuständige Behörde oder eventuell an die Polizei besteht. Ist dies der Fall, sind die zuständigen Stellen umgehend zu benachrichtigen.

Die fehlerhaften Einheiten mit den dazugehörigen umweltrelevanten Vorkommnissen sind aufzuzeichnen.

### 12.3.14 Korrekturmaßnahmen

Die Korrekturmaßnahmen - darin einzuschließen sind ebenfalls Vorbeugemaßnahmen - bezwecken, beim Auftreten von Abweichungen, unbeabsichtigten Freisetzungen oder anderen Gefahren die entsprechenden Korrekturen zu deren zukünftigen Vermeidung durchzuführen.

Zur Festlegung der Korrektur- und Vorbeugemaßnahmen hat sich das folgende Vorgehen bewährt:

- Die Ursachen der Abweichungen, unbeabsichtigten Freisetzungen oder anderen Gefahren sind zu analysieren;
- es ist zu beurteilen, in welchem Zeitraum die Maßnahmen zu erfolgen haben;
- es ist zu prüfen, ob dabei die zuständigen Behörden zu informieren sind;
- der Einfluß der Korrektur- und Vorbeugemaßnahmen auf die laufenden und geplanten Umweltprogramme ist ebenfalls zu überprüfen;
- gegebenenfalls sind Öffentlichkeit und evtl. Medien auf geeignete Weise zu informieren.

### 12.3.15 Handhabung, Lagerung, Verpackung und Versand

Die entsprechenden Kapitel aus den Qualitätssicherungverfahren und -anweisungen werden mit den Umweltaspekten wie folgt ergänzt:

- Interner Transport und Handhabung von Einheiten: Die damit beauftragten Personen sind über die erforderlichen Umweltmaßnahmen aufzuklären. Bei umweltrelevanten Vorfällen sind die für den Umweltschutz verantwortlichen Stellen zu informieren.
- Lagerung von Einheiten: Die Lagerung von Gefahrstoffen sowie von Abfällen hat gemäß den einschlägigen Vorschriften zu erfolgen. Die Lagervorschriften sind mit den entsprechenden Anweisungen zu versehen.
- Verpackung, Schutz und Versand: Umweltauflagen für Verpackung, Schutz und Versand sind in den Auftragsbestätigungen festzuhalten und an die mit der Durchführung dieser Arbeiten beauftragten internen Stellen zu übermitteln.

### 12.3.16 Aufzeichnungen

Aus der Sicht des Umweltschutzes kommt lediglich der folgende Aspekt hinzu, welcher nicht bereits im Rahmen der Qualitätssicherung berücksichtigt und abschließend behandelt wurde:

Umweltparameter sind in erster Linie gemäß den gesetzlichen Vorgaben aufzuzeichnen. Darüber hinaus können, beispielsweise in umweltsensiblen Bereichen oder wenn in der Umweltpolitik festgelegt, bestimmte Umweltparameter erfaßt werden.

### 12.3.17 Interne Audits

Interne Audits sind nach dem jeweiligen Jahres-Auditplan des Unternehmens durchzuführen und müssen Umweltaspekte berücksichtigen. Für die internen Systemaudits ist eine entsprechende Dokumentation zu erstellen, welche nach ISO 9001 aufgebaut ist. Der Ablauf wird wie folgt festgelegt:

- Vorbereitung (Zusammenstellung Auditteam, Festlegen der zu prüfenden Bereiche, verfügbare Grundlagen, Ausarbeiten und Verteilung des Fragebogens);
- Durchführung (Ergänzung des Fragebogens aufgrund von Interviews, Analyse weiterer Unterlagen, Begehungen);
- evtl. Bericht (Entwurf) an die geprüften Bereiche zwecks Bereinigung von offenen Fragen;
- Präsentation des Berichts vor der Unternehmensleitung;
- Festlegen von Korrekturmaßnahmen.

Die Auditergebnisse sind schriftlich festzuhalten.

Die Umweltbetriebsprüfung ist alle ein bis drei Jahre zu veranlassen und durch (interne und/oder externe Personen oder Organisationen) nach der ISO 10011 Norm durchzuführen.

Die Verantwortung für die termin- und sachgerechte Durchführung der internen Audits liegt beim Qualitäts- bzw. beim Umweltmanager.

### 12.3.18 Schulung

Aus der Sicht des Umweltschutzes kommen keine Aspekte hinzu, welche nicht bereits im Rahmen der Qualitätssicherung berücksichtigt und abschließend behandelt wurden. Auf weitere Ausführungen kann deshalb verzichtet werden.

### 12.3.19 Kundendienst

Kunden sind über Umweltschutzfragen im Zusammenhang mit der Handhabung, Verwendung und Wiederverwertung bzw. Entsorgung der Produkte in angemessener Weise zu beraten.

### 12.3.20 Statistische Methoden

Für bestimmte Aufzeichnungen von umweltrelevaten Parametern ist es sinnvoll, statistische Methoden anzuwenden. Es ist festzulegen, bei welchen Größen dies erforderlich ist.

Weiters ist bei störungsanfälligen Anlagen bzw. Prozessen zu prüfen, bei welchen mit statistischen Methoden die Risiken genauer abgeschätzt und damit Maßnahmen wirkungsvoller umgesetzt werden können.

### 12.3.21 Folgerungen

Die bisher durchgeführten Integrationen der EMAS-Verordnung in ein Qualitätssicherungssystem, welches nach ISO 9001 aufgebaut ist, haben gezeigt, daß dieser Weg nicht ganz mühelos, aber durchaus gangbar ist. Dabei ist zwischen dem Managementsystem und den eigentlichen ökologischen Sachverhalten zu unterscheiden.

Im Bereich des Managementsystems besteht zwischen ISO 9001 und dem EMAS insofern eine Ähnlichkeit, als daß in beiden Systemen das Management des Unternehmens Qualitätsziele bzw. Umweltziele festlegen muß. Der wesentliche Unterschied liegt in der nach EMAS durch das Unternehmen zu verfassenden und von zugelassenen Umweltgutachtern zu prüfenden Umwelterklärung. Diese stellt ein zentrales Element des EMAS dar und ist im Qualitätssicherungssystem nach ISO 9001 nicht vorgesehen.

Eine Schlüsselfunktion kommt im EMAS der Rechtskonformität des Unternehmens zu. Da "Qualität" kein durch Rechtsvorschriften abgestützter Begriff ist, fehlt dieses Element im Qualitätssicherungssystem nach ISO 9001 zwangsläufig. Üblicherweise wird bei der Integration des EMAS in das ISO-System die Rechtskonformität (als System) in das Element 2 "Qualitäts- bzw. Umweltmanagementsystem" eingebaut. Dieser Ansatz erscheint aufgrund der engen Verknüpfung mit dem systemischen Ansatz vernünftig. Andere Lösungen sind allerdings auch denkbar.

Der Aufwand, der für die Integration der eigentlichen ökologischen Inhalte zu leisten ist, hängt zu einem beträchtlichen Teil von der Branche bzw. von der Art der Unternehmensaktivitäten ab. Bei Betrieben, deren Umweltproblematik primär im Bereich der Produktion angesiedelt und damit stark mit dem Produktionsprozeß (im engeren Sinn) verknüpft ist, besteht eine ausgeprägte Parallelität zu den Aspekten der Qualitätssicherung. Dementsprechend vereinfacht sich auch der Aufwand für die Integration. Liegen die Probleme des Unternehmens aber beispielsweise im Bereich der Kommunikation mit Behörden, Umweltverbänden, Nachbarn usw., wird man mit der Integration in das System nach ISO 9001 Schwierigkeiten erhalten. In diesem Fall dürfte es zweckmäßig sein, die 20 Elemente nach ISO 9001 um ein entsprechendes zu erweitern.

Insgesamt sei hier somit die Feststellung erlaubt, daß die 20 Elemente des ISO-Systems eine ideale Basis darstellen, um Umweltfragen sachlich-technischer Natur zu integrieren. Je weniger man sich auf diese Aspekte beschränkt, oder - anders ausgedrückt - je mehr man sich in Richtung eines Total Quality Management entwickelt, um so eher wird es notwendig, von der Struktur nach ISO 9001 abzuweichen oder diese ganz zu verlassen.

## Glossar

**Audit** Rechnungsprüfung, ein Begriff aus dem Bereich der Wirtschaftsprüfung. Im Rahmen der Einführung von Qualitätssicherungssystemen ist der Begriff Audit für die Prüfung solcher Systeme in Betrieben in die Normierung aufgenommen worden.

**EMAS** Environmental Management and Audit Scheme, übersetzt: Umweltmanagement- und Umweltbetriebsprüfungssystem, wird auch im deutschen Sprachgebrauch stellvertretend für die Inhalte der Verordnung verwendet

**Legal Compliance** Rechstkonformität, Erfüllung aller rechtlichen Regelungen, nicht nur der Gesetze, sondern auch Einhaltung behördlicher Auflagen, Beantragung von erforderlichen Genehmigungen etc.

**Öko-Audit** auch Umwelt-Audit genannt, im engeren Sinne gleichbedeutend mit dem offiziellen deutschen Begriff Umweltbetriebsprüfung (siehe dort). Wird aber im Zusammenhang mit der Verordnung synonym für das gesamte in der Verordnung beschriebene System verwendet, daher rührt der übliche Name der Verordnung: Öko-Audit-Verordnung. Ebenso steht der Begriff häufig auch für die Umweltprüfung (siehe dort) und das gesamte Verfahren bis zur ersten Zertifizierung.

**Öko-Audit-Verordnung** Verordnung (EWG) Nr. 1836/93 des Rates vom 29. Juni 1993 über die freiwillige Beteiligung gewerblicher Unternehmen an einem Gemeinschaftssystem für das Umweltmanagement und die Umweltbetriebsprüfung.

**Umweltbetriebsprüfung** definiert in Art. 2 der Verordnung

**Validierung** Erklärung der Gültigkeit der Umwelterklärung als Voraussetzung zur Erhalt des EU-Logos

weitere Begriffe sind im Art. 2 der Verordnung definiert (siehe Anhang IV)

# Anhang

## Kompatibilitäts-Matrix

| Vorschriften der EU-Öko-Audit-Verordnung, Anhang 1 | Anforderungen des BS 7750 |
|---|---|

| | A | B | C | D | E | F | G | H | I | J | K |
|---|---|---|---|---|---|---|---|---|---|---|---|
| **Umweltpolitik, -ziele und Programme** | | | | | | | | | | | |
| Umweltpolitik | | X | | | | | | | | | |
| Umweltziele | | | | | X | | | | | | |
| Umweltprogramm für den Standort | | | | | | X | | | | | |
| **Umweltmanagement-systeme** | X | | | | | | | | | | |
| Umweltpolitik, -ziele und -programme | | X | | | X | X | | | | | |
| Organisation und Personal | | | X | | | | | | | | |
| Auswirkungen auf die Umwelt | | X | X | | | | | | | | |
| Aufbau- und Ablaufkontolle | | | | | | | | X | | | |
| Umweltmanagement-Dokumentation | | | | | | | X | | X | | |
| Umweltbetriebsprüfung | | | | | | | | | | X | X |
| **Zu behandelnde Gesichtspunkte** | | X | X | X | X | X | | X | | | |
| **Gute Management-praktiken** | X | X | X | | | X | | X | X | | |

A Managementsystem
B Umweltpolitik
C Organisation und Personal
D Umwelteinwirkungen
E Zielsetzungen und Ziele
F Managementprogramm
G Handbuch und Dokumentation
H Operationslenkung
I Aufzeichnungen
J Audits
K Reviews

**Tabelle 1: Roh-, Hilfs- und Betriebsstoffe (RHB)** **Jahr** ________

| 1 | 2 | 3 | 4 | 5 | 6 | 7 | 8 | 9 | 10 | 11 | 12 | 13 | 14 | 15 | 16 | 17 | 18 | 19 | 20 | 21 | 22 |
|---|---|---|---|---|---|---|---|---|---|---|---|---|---|---|---|---|---|---|---|---|---|
| Stoffbezeichnung | | Verwendung | Einsatzort | | Verbrauch/a | | | | Lagerort | | | Bewertung | | | | | | | Handlungsbedarf | | |
| Handelsname | UIB | Int. Grp. | An/Ma | BA | UIB | UmrF | kg/a | Kosten/a | UIB | BA | SHD | GEV | STR | VOP | PRO | GEB | ENT | PRIO | Maßnahmen | Termin | Verantw. |
| | | | | | | | | | | | | | | | | | | | | | |

Erläuterungen zu den einzelnen Spalten:

| | |
|---|---|
| 1/2 | Eintragung des Handelsnamens und falls unternehmensinterne Bezeichnung (UIB) vorhanden (z.B. aus PPS-System, Art.-Nr.) sollte diese mit eingetragen und für die folgenden Spalten als Bezug genutzt werden. |
| 3 | Grobe Zuordnung der RHB zu Bearbeitungsbereichen (z.B. Lösemittel, Schmierstoff o.ä.); wenn interne Gruppierung vorhanden, sollte diese benutzt werden. |
| 4 | Hier sollte der Einsatzort bzw. Produktionsmaschine/-anlage eingetragen werden, in der die RHB verarbeitet werden. (An/Ma = Anlagen/Maschinen) Sind die an einzelnen Orten/in einzelnen Prozess verbrauchten Mengen bekannt, sollte für jeden Einsatzort/Prozeß eine Zeile verwendet werden. |
| 5 | Eintragung, ob Betriebsanweisung (BA) am Einsatzort vorhanden. Wenn nicht relevant: "-" |
| 6/7/8 | Eintragung der verbrauchten Mengen/Jahr, pro Einsatzort bzw. Prozeßschritt. Gibt es andere Maßeinheiten als kg, z.B. lfd. Meter, cbm oder unternehmensinterne Bezeichnungen (UIB), sollten diese eingetragen und über den Umrechnungsfaktor (UmrF) in kg als einheitliche Maßeinheit umgerechnet werden. Wenn Mengen in kg vorhanden, bleiben S6/7 ohne Eintrag. |
| 9 | Eintragung der Kosten für die verbrauchten RHB pro Jahr, pro Einsatzort/Prozeß. |
| 10 | Eintragung des Lagerortes. Wenn vorhanden, sollte die unternehmensinterne Lagerbezeichnung eingesetzt werden. Werden die RHB an verschieden Orten gelagert, sollten sie den Einsatzorten zugewiesen werden. |
| 11 | Eintragung, ob Betriebsanweisung (BA) am Lagerort vorhanden. Wenn nicht relevant: "-" |
| 12 | Eintragung, ob Sicherheitsdatenblatt (SHD) vorhanden. Wenn nicht relevant: "-" |
| 13-18 | GEV=Gesetzl. Vorschriften erfüllt/nicht erfüllt; STR=Störfallrisiko; VOP=Vorproduktion; PRO=Produktion; GEB=Ge-/Verbrauch; ENT=Entsorgung; Eintragung der Bewertungsergebnisse nach Hilfstabellen 1, 2,3). |
| 19 | Eintragung, ob Handlungsbedarf besteht; mit Angabe der Priorität: 2=hohe Priorität; 1=mittl. Priorität; 0=kein Handlungsbedarf. |
| 20 | Hier mögliche Maßnahmen zur Verbesserung der Umweltbelastung eintragen; z.B. Substituition, Wiedereinsatz von Produktionsabfällen. |
| 21/22 | Eintragung eines Termins und des für die Maßnahme/Projekt Verantwortlichen. |

**Tabelle 2: Bezogene Halb-/Fertigfabrikate (HF/FF)** **Jahr** _______

| 1 | 2 | 3 | 4 | 5 | 6 | 7 | 8 | 9 | 10 | 11 | 12 | 13 | 14 | 15 | 16 | 17 | 18 | 19 | 20 | 21 | 22 |
|---|---|---|---|---|---|---|---|---|---|---|---|---|---|---|---|---|---|---|---|---|---|
| Stoffbezeichnung | | Verwendung | Einsatzort | | Verbrauch/a | | | | Lagerort | | Bewertung | | | | | | | Handlungsbedarf | | | |
| Handelsname | UIB | Int. Grp. | An/Ma | BA | UIB | UmrF | kg/a | Kosten/a | UIB | BA | SHD | GEV | STR | VOP | PRO | GEB | ENT | PRIO | Maßnahmen | Termin | Verantw. |
| | | | | | | | | | | | | | | | | | | | | | |

Erläuterungen zu den einzelnen Spalten:

1/2: Eintragung des Handelsnamens und falls unternehmensinterne Bezeichnung vorhanden (z.B. aus PPS-System, Art.-Nr.) sollte diese mit eingetragen und für die folgenden Spalten als Bezug genutzt werden.

3: Grobe Zuordnung der HF/FF zu Bearbeitungsbereichen; wenn interne Gruppierung vorhanden, sollte diese benutzt werden.

4: Hier sollte der Einsatzort bzw. Produktionmaschine/-anlage eingetragen werden, in der die HF verarbeitet werden. Sind die an einzelnen Orten/Prozessen verbrauchten Mengen bekannt, sollte für jeden Einsatzort/Prozeß eine Zeile verwendet werden.

5: Eintragung, ob Betriebsanweisung am Einsatzort vorhanden. Wenn nicht relevant: "-"

6/7/8: Eintragung der verbrauchten Mengen/Jahr. Wenn bekannt, pro Einsatzort bzw. Prozeßschritt. Gibt es andere Maßeinheiten als kg, z.B. lfd. Meter, cbm oder Unternehmensinterne Bezeichnungen (UIB), sollten diese eingetragen und über den Umrechnungsfaktor (UmrF) in kg als einheitliche Maßeinheit umgerechnet werden. Wenn Mengen in kg vorhanden, bleiben S6/7 ohne Eintrag.

9: Eintragung der Kosten für die verbrauchten HF/FF pro Jahr, pro Einsatzort/Prozeß.

10: Eintragung des Lagerortes. Wenn vorhanden, sollte die unternehmensinterne Lagerbezeichnung eingesetzt werden. Werden die HF/FF an verschieden Orten gelagert, sollten sie den Einsatzorten zugewiesen werden.

11: Eintragung, ob Betriebsanweisung am Lagerort vorhanden. Wenn nicht relevant: "-"

12: Eintragung, ob Sicherheitsdatenblatt. Wenn nicht relevant: "-"

13-18: GEV=Gesetzl. Vorschriften (erfüllt/nicht erfüllt); STR=Störfallrisiko; VOP=Vorproduktion; PRO=Produktion; GEB=Ge-/Verbrauch; ENT=Entsorgung; Eintragung der Bewertungsergebnisse (s. auch Hilfstabellen 1, 2,3).

19: Eintragung, ob Handlungsbedarf besteht; mit Angabe der Priorität: 2=hohe Priorität; 1=mittl. Priorität; 0=kein Handlungsbedarf.

20: Hier mögliche Maßnahmen zur Verbesserung der Umweltbelastung eintragen; z.B. Substituition, Wiedereinsatz von Produktionsabfällen.

21/22: Eintragung eines Termins und des für die Maßnahme/Projekt verantwortlichen.

**Tabelle 3: Bezogene Packmittel/Packstoffe** **Jahr _______**

| 1 | 2 | 3 | 4 | 5 | 6 | 7 | 8 | 9 | 10 | 11 | 12 | 13 | 14 | 15 | 16 | 17 | 18 | 19 | 20 |
|---|---|---|---|---|---|---|---|---|---|---|---|---|---|---|---|---|---|---|---|
| Packmittel | | | | Produkt | | Verbrauch/a | | | Kosten | Bewertung | | | | | | Handlungsbedarf | | | |
| Bezeichnung | UIB | Art | Packstoff | P1 | P2 | UIB | UmrF | kg/a | DM/a | GES | STR | VOP | PRO | GEB | ENT | PRIO | Maßnahmen | Termin | Verantw. |
| EW-Paletten | | TV | Holz | | | | | | | | | | | | | | | | |
| Schrumpffolien | | TV | LDPE | | | | | | | | | | | | | | | | |
| Umreifungsbänder | | TV | PP | | | | | | | | | | | | | | | | |
| Verschlüße | | VV | ... | | | | | | | | | | | | | | | | |
| Polybeutel | | VV | | | | | | | | | | | | | | | | | |
| ... | | | | | | | | | | | | | | | | | | | |

Erläuterungen zu den einzelnen Spalten:

1/2: Eintragung der Packmittel-Bezeichnung und falls unternehmensinterne Bezeichnung (UIB) vorhanden, sollte diese mit eingetragen und für die folgenden Spalten als Bezug genutzt werden.

3: Eintragung der Verpackungsart: TV=Transportverpackung, UV=Umverpackung; VV=Verkaufsverpackung

4: Eintragung des Packstoffs. Bei Verbünden sollten alle Materialien,evtl. mit Anteilen angegeben werden.

5/6: Eintragung der Produkte, für die das Packmittel verwendet wird. Für jedes Produkt muß eine Spalte angelegt werden. Werden Produkte mit den gleichen Packmitteln verpackt, können sie auch zu einer Gruppe zusammengefaßt werden.

7/8/9: Eintragung der verbrauchten Mengen/Jahr. Wenn bekannt, pro Einsatzort bzw. Prozeßschritt. Gibt es andere Maßeinheiten als kg, z.B. lfd. Meter, cbm oder Unternehmensinterne Bezeichnungen (UIB), sollten diese eingetragen und über den Umrechnungsfaktor (UmrF) in kg als einheitliche Maßeinheit umgerechnet werden. Wenn Mengen in kg, bleiben S6/7 ohne Eintrag.

10: Eintragung der Kosten für die verbrauchten Packmittel pro Jahr.

11-16: GEV=Gesetzl. Vorschriften (erfüllt/nicht erfüllt); STR=Störfallrisiko; VOP=Vorproduktion; PRO=Produktion; GEB=Ge-/Verbrauch; ENT=Entsorgung; Eintragung der Bewertungsergebnisse (s. auch Hilfstabellen 1, 2,3).

17: Eintragung, ob Handlungsbedarf besteht; mit Angabe der Priorität: 2=hohe Priorität; 1=mittl. Priorität; 0=kein Handlungsbedarf

18: Hier mögliche Maßnahmen zur Verbesserung der Umweltbelastung eintragen.

19/20: Eintragung eines Termins und des für die Maßnahme/Projekt Verantwortlichen.

**Tabelle 4: Büromaterialien** **Jahr** _______

| 1 | 2 | 3 | 4 | 5 | 6 | 7 | 8 | 9 | 10 | 11 | 12 | 13 | 14 | 15 | 16 | 17 | 18 | 19 | 20 |
|---|---|---|---|---|---|---|---|---|---|---|---|---|---|---|---|---|---|---|---|
| | | Verbrauch/a | | | | | Papier | | Kunststoff | | | | | | | Handlungsbedarf | | | |
| Handelsname | Verwendung | Stck. | Gew/St | kg/a | VERW | VERB | PAP1 | PAP2 | KST1 | KST2 | Holz | Metall | Sonstige | SM | LM | PRIO | Maßnahme | Termin | Verantw. |
| | | | | | | | | | | | | | | | | | | | |

Erläuterungen zu den einzelnen Spalten:

| | |
|---|---|
| 1/2: | Eintragung des Handelsnamens und des Verwendungszweckes. |
| 3/4/5: | Eintragung des Jahresverbrauchs bzw. georderte Menge in Stück und Gewicht. |
| 6: | VERW=Verwertung. Eintragung, ob verbrauchte Produkte der Verwertung zugeführt werden können "VER" oder als Abfall beseitigt werden "ABF" müssen. |
| 7: | VERB=Verbund: ja, wenn bei dem Produkt mehrere Materialien eingesetzt werden, die nicht bzw. schlecht trennbar sind. |
| 8/9: | Bei Papier/Pappe: Eintragung Papiersorte: UWS=Umweltschutzpapier o. Deinking (++); REC=Recycling-Papier m. Deinking (+); HH=holzhaltige Papiere (+-); TCF=chlorfrei gebleichtes Papier (+-); ECF=elementarchlorfrei gebleichtes Papier (-); ECB=elementarchlor gebl. Papier (- -); (Bewertung in Klammern). Bei mehreren Papiersorten jeweils in eigene Spalte eintragen. |
| 10/11: | Bei Kunststoff: Eintragung der Kunststoffart: (Bewertung in Klammern) PE=Polyethylen (+-); PP=Polypropylen (+-); PVC=polyvinylchlorid (- -); PS=Polystyrol (-) PUR=Polyurethan (- -); PES=Polyester (-); ABS=Acrylnitril-Butadien-Styrol (- -); CA=Celluloseacetat (+); SAN=Styrolacrylnitril (- -); PAN=Polyacrylnitril (- -); POM=Polyoxymethylen (+-); . Bei mehreren Kunststoffen jeweils in eigene Spalte eintragen. |
| 12 | Bei Holz: TRO=Tropenholz; andere Holzarten mit geeigneter Abkürzung; evtl. bei behandeltem Holz mit Zusätzen (z.B. TRO-LAC oder TRO-GEW für lackiertes oder gewachstes Tropenholz). |
| 13: | Bei Metallen: FE für Eisenmetalle, ALU für Aluminium u.ä.. |
| 14: | Sonstige verwendete Materialien eintragen. |
| 15: | LM=Lösemittel; wenn Material oder Lackierung schwermetallhaltig; ankreuzen oder sinnvolle Abkürzung für eingesetztes Schwermetall wählen. |
| 16: | SM=Schwermetall; wenn Produkt lösemittelhaltig (z.B. Faserschreiber, Tintenkiller): hier das Lösemittel angeben. |
| 17: | Eintragung, ob Handlungsbedarf besteht; mit Angabe der Priorität: 2=hohe Priorität; 1=mittl. Priorität; 0=kein Handlungsbedarf. |
| 18: | Hier mögliche Maßnahmen zur Verbesserung der Umweltbelastung eintragen; z.B. Substituition, Wiedereinsatz von Produktionsabfällen. |
| 19/20: | Eintragung eines Termins und des für die Maßnahme/Projekt Verantwortlichen. |

**Tabelle 5: Produktionsmaschinen/-anlagen und Förderanlagen** **Jahr _______**

| 1 | 2 | 3 | 4 | 5 | 6 | 7 | 8 | 9 | 10 | 11 | 12 | 13 | 14 | 15 | 16 | 17 | 18 |
|---|---|---|---|---|---|---|---|---|---|---|---|---|---|---|---|---|---|
| | | | | Anz. am | Leistung | BS/a | EV/a | WV/a | Emissionen | | | | | | Handlungsbedarf | | |
| Maschine/Anlage | UIB | Standort | UIB | Standort | in kW | in h | in kWh | in cbm | Lärm | Abluft | Abw. | Abfall | Boden | PRIO | Maßnahmen | Termin | Verantw. |
| | | | | | | | | | | | | | | | | | |

Erläuterungen zu den einzelnen Spalten:

1/2: Eintragung der Bezeichnung der Maschinen bzw. Anlagen. Falls unternehmensinterne Bezeichnung (UIB) vorhanden, sollte diese miteingetragen und für die folgenden Spalten als Bezug genutzt werden.

3/4: Eintragung des Standortes der Anlage/Maschine. Falls vorhanden mit unternehmensinterner Bezeichnung. Für jeden Standort sollte eine eigene Zeile verwendet werden. Stehen mehrere gleiche Anlagen/Maschinen an einem Ort, nur eine Zeile verwenden.

5: Anzahl gleicher Anlagen/Maschinen an einem Standort.

6: Durchschnittlicher Energieverbrauch (EV) der Maschine/Anlage. Diese können entweder durch Messungen ermittelt werden, oder in den technischen Daten enthalten sein. Anschlußwerte sind allerdings i.d.R. zu hoch. Genauere Werte beim Hersteller erfragen.

7: Eintragung der Betriebsstunden/a.

8: Energieverbrauch in kWh/a berechnet sich aus Spalte 5 x Spalte 6 x Spalte 7. Sollten auch andere Energieträger (Heizöl, Gas o.ä.) eingesetzt werden, den Verbrauch in kWh/a in zusätzliche Spalten eintragen.

9: Eintragung des Wasserverbrauchs der Maschine/Anlage/a pro Jahr.

10-14: Eintragung der Emissionsbelastung durch die Anlage/Maschine; für jeden Schadstoff sollte eine eigene Spalte eingerichtet werden. Liegen Meßwerte/Mengen vor, sollten sie eingetragen werden; sonst Einteilung mit: 2=hohe Belastung/gesetzl. Grenzwerte überschritten; 1=mittlere Belasung; 0=geringe/keine Belastung; (Abw.=Abwasser)

13: Eintragung, ob Handlungsbedarf besteht; mit Angabe der Priorität: 2=hohe Priorität; 1=mittl. Priorität; 0=kein Handlungsbedarf.

14: Hier mögliche Maßnahmen zur Verbesserung der Umweltbelastung eintragen.

15/16: Eintragung eines Termins und des für die Maßnahme/Projekt verantwortlichen.

**Tabelle 6: Erhebung der Stromverbraucher** **Jahr** ______

| 1 | 2 | 3 | 4 | 5 | 6 | 7 | 8 | 9 | 10 | 11 | 12 | 13 | 14 |
|---|---|---|---|---|---|---|---|---|---|---|---|---|---|
| | Art | | Gebäude/ | | | Verbrauch | Betr.-Std. | Steuerung/ | Baujahr/ | | Handlungsbedarf | | |
| Verbraucher | UIB | Anzahl | Standort | UIB | Zähler-Nr.: | in kW | pro Jahr | Regelung | Inst.-Jahr | PRIO | Maßnahmen | Termin | Verantw. |
| | | | | | | | | | | | | | |

Erläuterungen zu den einzelnen Spalten:

1: Kurzbezeichnung des Verbrauchers eintragen; z.B. Leuchtstoffröhre; Matrixdrucker u.ä.

2: Lfd-Nr. der Verbraucherart eintragen; evtl. können weitere Unterteilungen sinnvoll sein z.B.:
10=Beleuchtung; 11=Bürobeleuchtung; 12=Flurbeleuchtung; 13= Außenbeleuchtung u.ä.
20=Büromaschinen; 21=PC´s; 22=Drucker; 23=Kopierer u.ä.
30=Klimatisierung
40=Großrechner
50=Produktionsanlagen/-maschinen, Fördertechnik; evtl. unternehmensinterne Bezeichnug (aus Tabelle 5).
60=Sonstige

3: Anzahl der gleichartigen Verbraucher, im gleichen Gebäude, am gleichen Zähler angeschlossen.

4/5: Bezeichnung bzw. unternehmensinterne Bezeichnung des Gebäudeabschnitts (aus Tabelle 9).

6: Zähler-Nr. des Stromzählers, an dem der Verbraucher angeschlossen ist (s. auch Tabelle 7)

7: Verbrauch in kWh; Anschlußwert (oft etwas zu hoch) oder bei Hersteller erfragen.
Bei Produktionsanlagen/-maschinen (aus Tabelle 5).

8: Betriebsstd. des Verbrauchers pro Jahr; Ermittlung durch Abschätzung/Befragung.
Bei Produktionsanlagen/-maschinen (aus Tabelle 5).

9: Z.B. Schalter, Zeitschaltuhr, Dämmerungsschalter bei Außenbel. o.ä.

10: Baujahr bzw. Installationjahr angeben.

11: Eintragung, ob Handlungsbedarf besteht; mit Angabe der Priorität: 2=hohe Priorität; 1=mittl. Priorität; 0=kein Handlungsbedarf.

12: Hier mögliche Maßnahmen zur Verbesserung der Umweltbelastung eintragen.

13/14: Eintragung eines Termins und des für die Maßnahme/Projekt Verantwortlichen.

**Tabelle 7: Energieverbrauch**

**Jahr** _______

| 1 | 2 | 3 | 4 | 5 | 6 | 7 | 8 | 9 | 10 | 11 | 12 | 13 |
|---|---|---|---|---|---|---|---|---|---|---|---|---|
| | | | Ges.-Verbr./a | | | | Verwendung | | | | | |
| Energieträger | Verbr./a | Einheit | Heizwert | | in kWh/a | Kosten/a | Heizung kWh/a | WW kWh/a | Kälte kWh/a | Prozess kWh/a | Sonstige kWh/a | Spitzenl. kW |
| elektr. Energie | | kWh | 1,0 | kWh/kWh | | | | | | | | |
| Erdgas | | cbm | 10,1 | kWh/cbm | | | | | | | | |
| Öl schwer Heizöl S | | l | 11,0 | kWh/l | | | | | | | | |
| Öl leicht Heizöl EL | | l | 9,9 | kWh/l | | | | | | | | |
| Propan | | l | 10,1 | kWh/l | | | | | | | | |
| Steinkohle | | kg | 8,1 | kWh/kg | | | | | | | | |
| Braunkohle | | kg | 2,8 | kWh/kg | | | | | | | | |
| Fernwärme | | kWh | 1,0 | kWh/kWh | | | | | | | | |
| | | | Summe: | | | | | | | | | |

Erläuterungen zu den einzelnen Spalten:

1: Eintragung der von außen bezogenen Energieträger.
2: Bezogene Menge/a.
4: Unterer Heizwert in kWh pro Mengeneinheit des Energieträgers.
5: Einheiten der Umrechnung.
6: Spalte 6 = Spalte 2 x Spalte 4.
7: Kosten/a für den Bezug des jeweiligen Energieträgers.
8-12: Verwendung des Energieträgers: Menge in kWh/a.
13: Spitzenleistung der Anlage.

**Tabelle 8: Wasserverbrauch** **Jahr** ______

**Gesamtverbrauch** | **Ges.-Kosten (incl. Abw.)**
**Trinkwasser** ______ cbm/a | ______ DM/a
**Brauchwasser** ______ cbm/a | ______ DM/a

| 1 | 2 | 3 | 4 | 5 | 6 | 7 | 8 | 9 | 10 | 11 | 12 | 13 | 14 | 15 | 16 | 17 |
|---|---|---|---|---|---|---|---|---|---|---|---|---|---|---|---|---|
| | | | Verbrauch | | Toil. | Küche | Pflanzen | Putzen | Produktion | Sonstige | Soll | Abw. S/I | | Handlungsbedarf | | |
| Zähler Nr. | Standort | UIB | TW/BW | cbm/a | cbm/a | cbm/a | cbm/a | cbm/a | cbm/a | cbm/a | cbm/a | in % | PRIO | Maßnahme | Termin | Verantw. |
| | | | | | | | | | | | | | | | | |

Erläuterungen zu den einzelnen Spalten:

1: Angabe der Zähler-Nr. der vorhandenen Wasserzähler.
2/3: Angabe des Standortes des Wässerzählers (Gebäude/Gebäudeabschnitt o.ä.); falls unternehmensinterne Bezeichnung (UIB) des Gebäudes vorhanden, sollte sie eingetragen werden.
4: Eintragung, ob es sich um Trinkwasser oder Brauchwasser handelt.
5: Eintragung des auf dem Wasserzähler abgelesenen Verbrauchs/a in cbm.
6: Eintragung Sollverbrauch für Toiletten: 3x4 l/d/MA (bei Spartaste; sonst 3x7) + 3x1,5 l/d/MA für Handwaschbecken multipliziert mit Arbeitstagen und Anzahl Mitarbeiter die durchschnittlich die am Wasserzähler angeschlossenen Toilletten benutzen.
7: Eintragung des Verbrauchs für Geschirrspüler, Spülbecken und Zubereitung (Befragung der zuständigen MA).
8: Außenanlage: ca. 20-30 l/qm pro Bewässerung x Anzahl der Bewässerungen/a; Pflanzen Innen: Befragung der zuständigen MA.
9: Befragung der Putzkolonne zur Anzahl der benötigten Eimer (Zuordnung der Zapfstellen zu den Zählern beachten).
10: Eintragung des Wasserverbrauchs der am jeweiligen Zähler angeschlossenen Produktionsmaschinen (aus Tabelle 10).
11: Abschätzung für sonstige Verbraucher wie Fotolabor, Klimatisierung, Autowäsche u.ä..
12: Sollverbrauch: Summe aus Spalte 5 - Spalte 9.
13: Soll/Ist Abweichung in Prozent: (Spalte 11 - Spalte 4)/Spalte 4 x 100.
14: Eintragung, ob Handlungsbedarf besteht; mit Angabe der Priorität: 2=hohe Priorität; 1=mittl. Priorität; 0=kein Handlungsbedarf.
15: Hier mögliche Maßnahmen zur Verbesserung der Umweltbelastung eintragen.
16/17: Eintragung eines Termins und des für die Maßnahme/Projekt Verantwortlichen.

**Tabelle 9: Gebäude** Jahr _______

| 1 | 2 | 3 | 4 | 5 | 6 | 7 | 8 | 9 | 10 | 11 | 12 | 13 | 14 | 15 | 16 | 17 | 18 | 19 | 20 |
|---|---|---|---|---|---|---|---|---|---|---|---|---|---|---|---|---|---|---|---|
| | | | Flächen | | | k-Werte | | | | | | Schadstoff | | | | | Handlungsbedarf | | |
| Gebäude | cbm | Gesamt | 18°-22° | 10°-18° | frostfrei | W | F | D | Dichtigk. | Asbest | PCB | PCP | Lindan | SBS | Grün | PRIO | Maßnahmen | Termin | Verantw. |
| Int. Bez.<br>Etage<br>u.ä. | | | | | | | | | | | | | | | | | | | |

Erläuterungen zu den einzelnen Spalten:

1: Gebäudebezeichnung eintragen.
2: Angabe des umbauten Raums in cbm.
3: Gesamtflächen des Gebäudes (Berücksichtigung aller Geschosse)
4/5/6: Angaben der Flächen in qm, die mit 18°-22°C, 10°-18° C beheizt bzw. frostfrei gehalten werden.
7/8/9: Durchschnittliche k-Werte der Wände, Fenster und Decken des Gebäudes (evtl. zusätzliche Spalten mit den jeweiligen Flächen vorsehen).
10: Undichtigkeiten, durch die Wärme entweichen kann, mit Ortsangabe eintragen.
11: "J" bei asbesthaltigen Bauteilen z.B. in Nachtspeicheröfen, Boilern, Toastern, Trink-, Abwasserrohren, Bodenbelägen und Zement.
12: "J" bei PCB haltigen Bauteilen z.B. als Weichmacher in Lacken, Kleb-, Dicht-, Füll-, Schaumstoffen und in älteren Kondensatoren.
13: "J" bei PCP haltigen Bauteilen z.B. als Fungizid z. B. in Holzschutzmitteln.
14: "J" bei Lindan haltigen Bauteilen z.B. als Insektizid z.B. in Holzschutzmitteln.
15: SBS=Sick-Building Syndrom: Eintragung, wenn Mitarbeiter in bestimmten Gebäuden, Gebäudeteilen überdurchschnittlich Symptome schadstoffbedingter Krankheiten zeigen.
16: Bei Fassaden oder Dachbegrünung: Angabe der qm.
17: Eintragung, ob Handlungsbedarf besteht; mit Angabe der Priorität: 2=hohe Priorität; 1=mittl. Priorität; 0=kein Handlungsbedarf.
18: Hier mögliche Maßnahmen zur Verbesserung der Umweltbelastung eintragen.
19/20: Eintragung eines Termins und des für die Maßnahme/Projekt Verantwortlichen.

**Tabelle 10: Böden und Flächen** **Jahr** ______

| 1 | 2 | 3 | 4 | 5 | 6 | 7 | 8 | 9 | 10 | 11 |
|---|---|---|---|---|---|---|---|---|---|---|
| | | | | | kontaminierte Flächen | | Handlungsbedarf | | | |
| Gesamtflächen | Beb. Flächen | versiegelte Flächen | durchl. Flächen | Grünflächen | qm | Belastung | PRIO | Maßnahmen | Termin | Verantw. |
| | | | | | | | | | | |

Erläuterungen zu den einzelnen Spalten:

1: Gesamtfläche in qm eines Werksgebäudes (für jedes Werk eigene Zeile).
2: Bebaute Flächen in qm.
3: Versiegelte Flächen in qm (ohne bebaute Flächen).
4: Gepflasterte Fläche, die Versickerung zulassen, in qm.
5: Grünflächen in qm.
6: kontaminierte Flächen in qm
7: Belastungrad, z.B. 3=hoch, 2=mittel, 1=gering
8: Eintragung, ob Handlungsbedarf besteht; mit Angabe der Priorität: 2=hohe Priorität; 1=mittl. Priorität; 0=kein Handlungsbedarf.
9: Hier mögliche Maßnahmen zur Verbesserung eintragen;
10/11: Eintragung eines Termins und des für die Maßnahme/Projekt Verantwortlichen.

**Tabelle 11: Verkehr** **Jahr** _______

| 1 | 2 | 3 | 4 | 5 | 6 | 7 | 8 | 9 | 10 | 11 | 12 |
|---|---|---|---|---|---|---|---|---|---|---|---|
| | Personenverkehr | | | Güterverkehr | | Kosten | | | Handlungsbedarf | | |
| Verkehrsträger | km/a | Verbrauch/a | km/a | tkm/a | Verbrauch/a | DM/a | Bestand | PRIO | Maßnahmen | Termin | Verantw. |
| PKW mit Kat | | | | | | | | | | | |
| PKW ohne Kat | | | | | | | | | | | |
| PKW Diesel | | | | | | | | | | | |
| LKW lärmarm | | | | | | | | | | | |
| LKW nicht lärmarm | | | | | | | | | | | |
| Bahn | | | | | | | | | | | |
| Flugzeug (Inland) | | | | | | | | | | | |
| Flugzeug (Ausland) | | | | | | | | | | | |
| Binnenschiff | | | | | | | | | | | |
| Hochseeschiff | | | | | | | | | | | |

Erläuterungen zu den einzelnen Spalten:

1: Verkehrsträger
2: Zurückgelegte km/a (Eigen- und Fremdfahrzeuge).
3: Verbrauch der PKW/a in Liter (Eigen- und Fremdfahrzeuge).
4: Zurückgelegte Tonnenkilometer/a (Eigen- und Fremdfahrzeuge).
5: Verbrauch der LKW/a in Liter (Eigen- und Fremdfahrzeuge).
6: Bestände LKW/PKW.
7: Kosten/a; evtl. aufgeteilt in Gesamt kosten und Kosten pro Kilometer bzw. Tonnenkilometer
8: Eintragung, ob Handlungsbedarf besteht; mit Angabe der Priorität: 2=hohe Priorität; 1=mittl. Priorität; 0=kein Handlungsbedarf.
9: Hier mögliche Maßnahmen zur Verbesserung der Umweltbelastung eintragen.
10/11: Eintragung eines Termins und des für die Maßnahme/Projekt Verantwortlichen.

**Tabelle 12: Produkte** **Jahr** _______

| 1 | 2 | 3 | 4 | 5 | 6 | 7 | 8 | 9 | 10 | 11 | 12 | 13 | 14 | 15 | 16 |
|---|---|---|---|---|---|---|---|---|---|---|---|---|---|---|---|
| | | | | Bewertung | | | | | | | | | | | |
| | Menge | | | Ge-/Verbrauch | | | Entsorgung | | | | | Handlungsbedarf | | | |
| Produkt | Anzahl/a | Gew./Stck | kg/a | 1a-d | 2a-c | 3a-e | 1a-b | 2a-b | 3a-d | 4a-c | 5a-c | PRIO | Maßnahmen | Termin | Verantw. |
| | | | | | | | | | | | | | | | |

Erläuterungen zu den einzelnen Spalten:

1: Angabe des Produktes, wenn vorhanden, Eintragung der unternehmensinternen Bezeichnung (UIB).

2-4: Angabe zu den produzierten Mengen/a.

5-12: Bewertung der Ge-/Verbrauchs Eigenschaften und der Entsorgung des Produktes. Eintragung der Ergebnisse aus der Bewertung anhand des Produkt-Ratings nach Hilfstabellen 2 und 3).

13: Eintragung, ob Handlungsbedarf besteht; mit Angabe der Priorität: 2=hohe Priorität; 1=mittl. Priorität; 0=kein Handlungsbedarf.

14: Hier mögliche Maßnahmen zur Verbesserung der Umweltbelastung eintragen.

15/16: Eintragung eines Termins und des für die Maßnahme/Projekt Verantwortlichen.

**Tabelle 13: Abfälle** **Jahr ______**

| 1 Abfallart | 2 UIB/ LAGA | 3 Herkunft | 4 Menge/a in t | 5 Art und Ort d. Entsorgung bzw. des Recycling | 6 Kosten DM/a | 7 Handlungsbedarf PRIO | 8 Handlungsbedarf Maßnahmen | 9 Termin | 10 Verantw. |
|---|---|---|---|---|---|---|---|---|---|
| | | | | | | | | | |

Erläuterungen zu den einzelnen Spalten:

1: Eintragung der Abfallarten

2: Zugehörige LAGA-Schlüsselnummer oder unternehmensinterne Bezeichnung (UIB).

3: Herkunft der Abfälle. Sind Reststoffmengen einzelner Herkunftsorte oder Anlagen bekannt, sollte für jeden Ort/Anlage eine Zeile genutzt werden. (Für Produktionsspezifische Abfälle: Übernahme aus Tabelle 5: Produktionsmaschinen/-anlage).

4: Eintragung der anfallenden Menge/Jahr. (Für produktionsspezifische Abfälle: Übernahme aus Tabelle 5).

5: Eintragung der Art der Entsorgung bzw. Recycling; z.B. Deponie, MVA,stoffl. Verwertung o.ä., evtl. mit Angabe des Entsorgers.

6: Kosten der Entsorgung/des Recyclings, evtl. gesplittet (Transport/Behälter/Ents.).

7: Eintragung, ob Handlungsbedarf besteht; mit Angabe der Priorität: 2=hohe Priorität; 1=mittl. Priorität; 0=kein Handlungsbedarf.

8: Hier mögliche Maßnahmen zur Verbesserung der Umweltbelastung eintragen; z.B. Substituition, Wiedereinsatz von Produktionsabfällen.

9/10: Eintragung eines Termins und des für die Maßnahme/Projekt Verantwortlichen.

**Tabelle 14: Luftemissionen** **Jahr _______**

| 1 | 2 | 3 | 4 | 5 | 6 | 7 | 8 | 9 | 10 | 11 | 12 | 13 | 14 |
|---|---|---|---|---|---|---|---|---|---|---|---|---|---|
| | | | | | Schadstoffe | | | | | | Handlungsbedarf | | |
| Emissions-Quellen | Verbrauch/a | Einheit | $CO_2$ | Partikel | $SO_2$ | HC | $NO_2$ | CH | Sonst. | PRIO | Maßnahmen | Termin | Verantw. |
| 1. Energiebed. Quellen | | | | | | | | | | | | | |
| elektr. Energie | aus Tab. 7 | kWh | | | | | | | | | | | |
| Erdgas | aus Tab. 7 | cbm | | | | | | | | | | | |
| Heizöl S | aus Tab. 7 | l | | | | | | | | | | | |
| Heizöl EL | aus Tab. 7 | l | | | | | | | | | | | |
| Steinkohle | aus Tab. 7 | kg | | | | | | | | | | | |
| *Fernwärme* | aus Tab. 7 | kWh | | | | | | | | | | | |
| | Zwischensumme: | | | | | | | | | | | | |
| 2. Verkehrsbed. Quelle | | | | | | | | | | | | | |
| PKW mit Kat | aus Tab. 11 | l | | | | | | | | | | | |
| PKW ohne Kat | aus Tab. 11 | l | | | | | | | | | | | |
| PKW Diesel | aus Tab. 11 | l | | | | | | | | | | | |
| LKW Lärmarm | aus Tab. 11 | l | | | | | | | | | | | |
| LKW n.Lärmarm | aus Tab. 11 | l | | | | | | | | | | | |
| Bahn | aus Tab. 11 | km | | | | | | | | | | | |
| Flugzeug (Inland) | aus Tab. 11 | km | | | | | | | | | | | |
| Flugzeug (Ausland) | aus Tab. 11 | km | | | | | | | | | | | |
| Schiff | aus Tab. 11 | km | | | | | | | | | | | |
| | Zwischensumme: | | | | | | | | | | | | |
| 3. Prozeßbed. Quellen | | | | | | | | | | | | | |
| Anlage... | | | | | | | | | | | | | |
| Anlage... | | | | | | | | | | | | | |
| | Zwischensumme: | | | | | | | | | | | | |
| | Gesamtsumme: | | | | | | | | | | | | |

Erläuterungen zu den einzelnen Spalten:

| | |
|---|---|
| 1: | Aufteilung der Spalten in energiebedingte, verkehrsbedingte und prozeßbedingte Emissionsquellen. Bei den prozessbedingten Quellen, die Anlagen eintragen, bei denen es zu prozeßbedingten Emissionen kommt (aus Tabelle 5). |
| 2: | Verbrauchsmenge pro Jahr in der in Spalte 3 angegebenen Einheit (aus Tabellen 7 und 11). |
| 4-9: | Multiplikation der Verbrauchsmenge/Jahr mit den Emissionsdaten aus Hilfstabelle 4 (Energieträger). |
| 10: | Einrichtung weiterer Spalten für etwaige sonstige prozeßbedingte Emissionen. |
| 11: | Eintragung, ob Handlungsbedarf besteht; mit Angabe der Priorität: 2=hohe Priorität; 1=mittl. Priorität; 0=kein Handlungsbedarf. |
| 12: | Hier mögliche Maßnahmen zur Verbesserung der Umweltbelastung eintragen. |
| 13/14: | Eintragung eines Termins und des für die Maßnahme/Projekt Verantwortlichen. |

**Tabelle 15: Abwasser** **Jahr ______**

| 1 | 2 | 3 | 4 | 5 | 6 | 7 | 8 | 9 | 10 |
|---|---|---|---|---|---|---|---|---|---|
| | Menge | Schadstoffbelastung | | | Kosten | Handlungsbedarf | | | |
| Herkunft | cbm/a | $BSB_6$ | $CSB_6$ | Sonstige | DM/a | PRIO | Maßnahmen | Termin | Verantw. |
| Gesamt | | | | | | | | | |
| Anlage...<br>Anlage... | | | | | | | | | |

Erläuterungen zu den einzelnen Spalten:

1: In die erste Zeile Gesamt-Abflußmenge in cbm/a; in folgende Zeilen abwasserbelastende Anlagen eintragen (s. Tabelle 5).

2: Abwassermengen in cbm/a. Sollten diese auch für Anlagen bekannt sein, in jeweilige Zeile eintragen.

3-5: Sollten quantitative Werte (z.B. aus Messungen) vorliegen, sollten diese Werte eingetragen werden. Bei "Sonstigen" für jeden bekannten Schadstoff (qualitativ oder quantitativ) eigene Spalte vorsehen. Wenn Schadstoff nur qualitativ bekannt, Relevanz abstufend mit 2, 1, 0 o.ä. kennzeichnen.

6: Gesamt Abwasserkosten mit Abwasserabgabe.

7: Eintragung, ob Handlungsbedarf besteht; mit Angabe der Priorität: 2=hohe Priorität; 1=mittl. Priorität; 0=kein Handlungsbedarf.

8: Hier mögliche Maßnahmen zur Verbesserung der Umweltbelastung eintragen.

9/10: Eintragung eines Termins und des für die Maßnahme/Projekt Verantwortlichen.

**Hilfstabelle 1: Roh-, Hilfs- und Betriebsstoffe**

| | | | |
|---|---|---|---|
| **Produkt:** | | ______________ | Relevanz/Kosten |
| **Rohstoff:** | | ______________ | 0: keine/gering |
| Eigene Verarbeitung | ☐ | ______________ | 1: mittel: |
| Bestandteil Vorprodukt: | ☐ | ______________ | 2: hoch: |
| | | | P: prüfen |

| | 0 | 1 | 2 | P | Bemerkung/Prüfungsgegenstand |
|---|---|---|---|---|---|
| **1. Gewinnung** | | | | | |
| a. Ressourcenknappheit | | | | | |
| b. Gewinnungsaufwand | | | | | |
| c. Transportaufwand | | | | | |
| d. Bodenverschmutzung | | | | | |
| e. Grundwasserabsenkung | | | | | |
| f. Bodenverschmutzung | | | | | |
| g. Abraum | | | | | |
| h. Luftverunreinigung | | | | | |
| i. Wirkung auf Artenvielfalt | | | | | |
| **2. Produktion** | | | | | |
| a. Luftemissionen | | | | | |
| b. Abwasserbelastung | | | | | |
| c. Produktionsabfälle | | | | | |
| d. Verarbeitungsaufwand | | | | | |
| **3. Ge-/Verbrauch** | | | | | |
| a. Luftemissionen | | | | | |
| b. Abwasserbelastung | | | | | |
| c. Energieverbrauch | | | | | |
| d. Ge-/Verbrauchsabfälle | | | | | |
| **4. Entsorgung** | | | | | |
| a. Relevanz für Recycling | | | | | |
| b. Relevanz für Verbrennung | | | | | |
| c. Relevanz für Deponierung | | | | | |

| | ja | nein | wie/welche(s) |
|---|---|---|---|
| **Handlungsbedarf:** | ☐ | ☐ | |
| Materialeinsparung | | | |
| Einsatz von Rezyklaten | | | |
| Nachwachsende Rohstoffe | | | |
| Sonstige alternative Rohst. | | | |
| Anderes Herkunftsland | | | |
| Andere Gewinnung | | | |

**Hilfstabelle 2: Ge-/Verbrauch**

**Produkt:** ______________________ Relevanz/Kosten
**Produktteil:** ______________________ 0: keine/gering
Eigene Verarbeitung ☐ ______________________ 1: mittel:
Bestandteil Vorprodukt: ☐ ______________________ 2: hoch:
P: prüfen

| | 0 | 1 | 2 | P | Bemerkung/Prüfungsgegenstand |
|---|---|---|---|---|---|
| **1. Lebensdauer** | | | | | |
| a. Verschleißanfälligkeit | | | | | |
| b. opt. Modernisierungsgrad | | | | | |
| c. techn. Modernisierungsgrad | | | | | |
| d. Kosten der Reparatur | | | | | |
| **2. Ressourcen** | | | | | |
| a. Energieverbrauch | | | | | |
| b. Wasserverbrauch | | | | | |
| c. sonst. Betriebsmittel | | | | | |
| **3. Emissionen** | | | | | |
| a. Luftemissionen | | | | | |
| b. Abwasserbelastung | | | | | |
| c. Bodenbelastung | | | | | |
| d. Lärmemissionen | | | | | |
| e. Gebrauchsabfälle | | | | | |

| **Handlungsbedarf:** | ja | nein | wie/welche(s) |
|---|---|---|---|
| Verschleiß mindern | | | |
| Modulbauweise | | | |
| Reparaturfähigkeit erhöhen | | | |
| Betriebsmittelverbrauch senken | | | |
| Bedienung optimieren | | | |
| Roh-/Hilfsstoffe substituieren | | | |
| Weitere | | | |

**Hilfstabelle 3: Entsorgung**

**Produkt:** ______________________ Relevanz/Kosten
**Produktbestandteil** ______________________ 0: keine/gering
1: mittel:
2: hoch:
P: prüfen

| | 0 | 1 | 2 | P | Bemerkung/Prüfungsgegenstand |
|---|---|---|---|---|---|
| **1. Rückführlogistik** | | | | | |
| a. Sammlungsaufwand | | | | | |
| b. Transportaufwand | | | | | |
| **2. Demontagefähigkeit** | | | | | |
| a. Demontageaufwand | | | | | |
| b. Sortierungsaufwand | | | | | |
| **3. Wiederaufarbeitung** | | | | | |
| a. Zerstörung bei Demontage | | | | | |
| b. Reinigungsaufwand | | | | | |
| c. Prüfaufwand | | | | | |
| d. Aufarbeitungsaufwand | | | | | |
| **4. Recyclingfähigkeit** | | | | | |
| a. Recyclingaufwand | | | | | |
| b. Luftbelastung | | | | | |
| c. Abwasserbelastung | | | | | |
| d. Restabfälle | | | | | |
| e. Kostenverh. Neuware/Rezyklate | | | | | |
| **5. Entsorgung** | | | | | |
| a. Relevanz für Recycling | | | | | |
| b. Relevanz für Verbrennung | | | | | |
| c. Relevanz für Deponierung | | | | | |

| **Handlungsbedarf:** | ja | nein | wie/welche(s) |
|---|---|---|---|
| Substitution von Rohstoffen | | | |
| Verzicht/Subst. von Hilfsstoffen | | | |
| Materialkennzeichnung | | | |
| Konstruktionsänderung | | | |
| Demontageanleitung | | | |
| Verminderung Materialeinsatz | | | |
| Entwicklung Verwertungsmöglichkeiten | | | |
| Weitere | | | |

## Hilfstabelle 4: Heizwerte und Luftbelastungswerte bei der Verbrennung verschiedener Energieträger

**1. Energiebedingte Emissionen:**

| Energieträger | Einheit (X) | CO2 g/X | Partikel mg/X | SO2 mg/X | HC mg/X | NOx mg/X | CO mg/X | Heizwert | |
|---|---|---|---|---|---|---|---|---|---|
| elektr. Energie | kWh | 441,7 | 196,6 | 2.502,3 | 2.112,3 | 1.236,3 | 348,9 | 1,0 | kWh/kWh |
| Erdgas | cbm | 1.880,7 | 7,3 | 25,6 | 380,6 | 3.008,5 | 340,4 | 10,1 | kWh/cbm |
| Heizöl S | l | 3.088,0 | 851,4 | 26.076,6 | 316,8 | 6.878,5 | 241,6 | 11,0 | kWh/l |
| Heizöl EL | l | 2.630,2 | 14,3 | 3.018,7 | 352,8 | 2.808,4 | 527,5 | 9,9 | kWh/l |
| Steinkohle | kg | 2.343,7 | 2.796,4 | 15.924,3 | 498,6 | 6.975,1 | 2.796,4 | 8,1 | kWh/kg |
| Fernwärme | kWh | Berechnung nach eingesetzten Energieträgern. | | | | | | | |

**2. Verkehrsbedingte Emissionen:**

| Verkehrsmittel | Einheit (X) | CO2 g/X | Partikel mg/X | SO2 mg/X | HC mg/X | NOx mg/X | CO mg/X |
|---|---|---|---|---|---|---|---|
| PKW mit Kat | km | 150,0 | | 31,0 | 160,0 | 250,0 | 1.400,0 |
| PKW ohne Kat | km | 140,0 | | 28,0 | 810,0 | 1.400,0 | 5.400,0 |
| PKW Diesel | km | 130,0 | | 160,0 | 660,0 | 380,0 | 240,0 |
| Bahn | km | 30,0 | | 67,0 | 88,0 | 490,0 | 160,0 |
| Flugzeug (Inland) | km | 260,0 | | 124,0 | 164,0 | 980,0 | 460,0 |
| Flugzeug (Ausland) | km | 200,0 | | 92,0 | 120,0 | 820,0 | 300,0 |
| LKW lärmarm | tkm | | 80,0 | 80,0 | 199,0 | 995,0 | 398,0 |
| LKW nicht lärmarm | tkm | | 80,0 | 80,0 | 199,0 | 995,0 | 398,0 |
| Bahn | tkm | 14,4 | 6,4 | 81,3 | 68,6 | 40,2 | 11,3 |
| Binnenschiff | tkm | | 380,0 | 165,0 | 55,0 | 384,0 | 220,0 |
| Hochseeschiff | tkm | | 10,0 | 215,0 | 1,0 | 17,0 | 3,0 |

## Checkliste zum betrieblichen Umweltschutz

Die folgende Checkliste hat zum Ziel, den Sinn für umweltbedingte Probleme zu schärfen und festzustellen, wo ggf. ökologischer Handlungsbedarf in Unternehmen besteht. Zu diesem Zweck ist es wichtig, eine Übersicht darüber zu erhalten,

A - welchen Stand die Umweltschutz-Organisation und der technische Umweltschutz erreicht hat,

B - wie das Umweltmanagement im Unternehmen funktioniert (Effizienz),

C - ob die wichtigsten betrieblichen Umweltvorschriften und -gesetze eingehalten werden (rechtliche Risiken).

**Auswertung:**

Je öfter ***nein*** oder ***unbekannt*** angekreuzt wird, desto größer ist die Lücke zwischen der Unternehmensrealität und einer umweltorientierten Ausrichtung im Sinne der Öko-Audit-Verordnung.

| A | **Stand des Umweltschutzes (Technik/Organisation)** | **ja** | **nein** | **unbekannt** |
|---|---|---|---|---|
| A1 | Umweltleitlinien | ☐ | ☐ | ☐ |
| A2 | Umweltprogramm (Maßnahmenplanung) | ☐ | ☐ | ☐ |
| A3 | Umweltgeschäftsführer | ☐ | ☐ | ☐ |
| A4 | Umweltbeauftragter | ☐ | ☐ | ☐ |
| A5 | Arbeitskreis für Umweltfragen | ☐ | ☐ | ☐ |
| A6 | Welche Maßnahmen im Umweltschutz haben Sie bereits durchgeführt? | | | |
| | - Energieeinsparungen | ☐ | ☐ | ☐ |
| | - Abwasser-Schmutzfracht reduziert | ☐ | ☐ | ☐ |
| | - Luftemissionen reduziert | ☐ | ☐ | ☐ |
| | - Abfall vermieden | ☐ | ☐ | ☐ |
| A7 | Ist Umweltschutz im Geschäftsbericht ein Thema bzw. bringen Sie einen gesonderten Umweltbericht heraus? | ☐ | ☐ | ☐ |
| A8 | Wird Umweltschutz in der Werbung und Öffentlichkeitsarbeit integriert? | ☐ | ☐ | ☐ |
| A9 | **Prioritäten im Umweltschutz** | | | |
| | - Rohstoffeinkauf | ☐ | ☐ | ☐ |
| | - Produktion | ☐ | ☐ | ☐ |
| | - Produktentwicklung | ☐ | ☐ | ☐ |
| | - Logistik, Vertrieb | ☐ | ☐ | ☐ |
| | - Marketing | ☐ | ☐ | ☐ |
| | *werden Umweltzeichen genutzt?* | ☐ | ☐ | ☐ |
| A10 | Beantragen und/oder erhalten Sie Fördergelder für technische Innovationen bzw. Umweltschutz-Maßnahmen? | ☐ | ☐ | ☐ |
| A11 | Halten Sie ein Controlling über umweltrelevante Vorgänge für wichtig? | ☐ | ☐ | ☐ |
| A12 | Erhalten die Mitarbeiter über Umweltschutz im Unternehmen gezielte Informationen? | ☐ | ☐ | ☐ |

| | | ja | nein | unbekannt |
|---|---|---|---|---|
| A13 | Werden die Mitarbeiter zu umweltgerechtem Handeln im Betrieb motiviert? | □ | □ | □ |
| A14 | Liegen Anwohnerbeschwerden wegen Umweltproblemen vor? | □ | □ | □ |
| A15 | Haben sich Kunden nach der Umweltwirkung von Produkten oder Produktionsmethoden erkundigt? | □ | □ | □ |
| A16 | Welche Produktionsverfahren wenden Sie in Ihrer Betriebsstätte in erheblichem Umfang an: | | | |
| | - thermische Verfahren (z. B. Heizen, Trocknen, Schweißen, Glühen) | □ | □ | □ |
| | - mechanische Verfahren (z. B.. Stanzen, Schneiden, Drehen, Bohren, Fräsen) | □ | □ | □ |
| | - chemische Verfahren (z. B. Galvanisieren, Beizen, Entfetten, Tränken) | □ | □ | □ |
| | - biologische Verfahren | □ | □ | □ |
| A17 | Verwenden Sie in Ihrem Betrieb leicht flüchtige Halogenkohlenwasserstoffe (z. B. CKW, Frigene)? | □ | □ | □ |
| A18 | Läßt sich ein unvorhersehbarer Austritt von wassergefährdenden Stoffen mittels Absperrvorrichtungen (z. B. Barrieren, Abscheider, Abschieber, Auffangbecken) wirkungsvoll verhindern? | □ | □ | □ |
| A19 | Besteht für Ihre Betriebsstätte ein Abfall-Entsorgungskonzept? | □ | □ | □ |

| B | **Umweltmanagementsystem** | **ja** | **nein** | **unbekannt** |
|---|---|---|---|---|
| B1 | Ist Umweltschutz Aufgabe der Geschäftsleitung? | ☐ | ☐ | ☐ |
| B2 | Ist Krisenmanagement und Notfallplanung Teil Ihres betrieblichen Umweltschutzes (z. B. bei Umweltunfällen)? | ☐ | ☐ | ☐ |
| B3 | Besteht in Ihrem Management eine klar abgegrenzte Aufteilung von Zuständigkeiten? | ☐ | ☐ | ☐ |
| B4 | Haben Sie diese schriftlich dokumentiert (z. B. Organisationsplan)? | ☐ | ☐ | ☐ |
| B5 | Gibt es für Ihren Betrieb ein Umwelthandbuch? | ☐ | ☐ | ☐ |
| B6 | Hat das Unternehmen Umweltschutzziele formuliert? | ☐ | ☐ | ☐ |
| B7 | Sind alle Umweltschutzbeauftragten den Behörden gemeldet? | ☐ | ☐ | ☐ |
| B8 | Sind Stellenbeschreibungen für die Umweltschutzbeauftragten formuliert? | ☐ | ☐ | ☐ |
| B9 | Sind die Umweltschutz-Verantwortlichen im Organisationsplan dargestellt? | ☐ | ☐ | ☐ |
| B10 | Sind Entscheidungsbefugnisse für Umweltschutzaufgaben schriftlich delegiert? | ☐ | ☐ | ☐ |
| B11 | Gibt es regelmäßig Berichte über die Situation des betrieblichen Umweltschutzes an die Geschäftsleitung? | ☐ | ☐ | ☐ |
| B12 | Gibt es eine Auflistung aller Abfälle und Sonderabfälle? | ☐ | ☐ | ☐ |
| B13 | Gibt es einen Überwachungsplan für alle Prüf-, Meß-, Berichts-, Antrags- und Genehmigungstermine? | ☐ | ☐ | ☐ |

| | | ja | nein | unbekannt |
|---|---|---|---|---|
| B14 | Gibt es im Unternehmen eine zentrale Ablage für alle umweltschutzrelevanten Unterlagen (Anträge, Genehmigungen, Nachweise, Stoffkataster etc.)? | ☐ | ☐ | ☐ |
| B15 | Sind Gefahrenabwehrpläne für Störfälle aufgestellt worden? | ☐ | ☐ | ☐ |
| B16 | Werden Lager- und Produktionsanlagen regelmäßig auf Leckagen untersucht? | ☐ | ☐ | ☐ |
| B17 | Sind die verfügbaren Fördermittel der öffentlichen Hand bekannt? | ☐ | ☐ | ☐ |
| B18 | Ist die Zuständigkeit für den innerbetrieblichen Transport von Produkten, Roh-, Hilfs- und Betriebsstoffen eindeutig und schriftlich bestimmten Personen zugeordnet? | ☐ | ☐ | ☐ |

| **C** | **Rechtliche Risiken** | **ja** | **nein** | **unbekannt** |
|---|---|---|---|---|
| C1 | Gibt es im Unternehmen genehmigungsbedürftige Anlagen im Sinne des BImSchG? | ☐ | ☐ | ☐ |
| C2 | Muß(te) für eine genehmigungsbedürftige Anlage eine Sicherheitsanalyse durchgeführt werden? | ☐ | ☐ | ☐ |
| C3 | Ist innerhalb der Geschäftsleitung ein Geschäftsführungsbefugter nach § 52a BImSchG benannt? | ☐ | ☐ | ☐ |
| C4 | Ist der Benannte den Behörden gemeldet worden und die Benennung intern dokumentiert und protokolliert? | ☐ | ☐ | ☐ |
| C5 | Werden wassergefährdende Stoffe im Unternehmen eingesetzt? | ☐ | ☐ | ☐ |
| C6 | Werden im Unternehmen Gefahrstoffe im Sinne der Gefahrstoff-Verordnung eingesetzt? | ☐ | ☐ | ☐ |

| | | ja | nein | unbekannt |
|---|---|---|---|---|
| C7 | Existiert eine Aufstellung aller gefährlichen Stoffe (Gefahrstoffe, wassergefährdende Stoffe, brennbare Flüssigkeiten), die eingekauft/verkauft, eingesetzt und entsorgt werden? | ☐ | ☐ | ☐ |
| C8 | Sind für alle eingesetzten Stoffe Sicherheitsdatenblätter vorhanden? | ☐ | ☐ | ☐ |
| C9 | Sind konkrete behördliche Auflagen, z. B. in den Bereichen Abwasser, Abfall, Luft, Lärm, Gefahrguttransport, Strahlenschutz, Arbeitssicherheit, einzuhalten? | ☐ | ☐ | ☐ |
| C10 | Sind Altlasten oder Verdachtsfälle vorhanden? | ☐ | ☐ | ☐ |
| C11 | Sind gravierende Störfälle denkbar? | ☐ | ☐ | ☐ |
| C12 | Wohin werden Ihre Abwässer entsorgt? | | | |
| | - Einleitung in das öffentliche Kanalisationssystem | ☐ | ☐ | ☐ |
| | - Einleitung in ein Gewässer | ☐ | ☐ | ☐ |
| C13 | Müssen Abwässer zur Einleitung vorbehandelt werden? | ☐ | ☐ | ☐ |
| C14 | Müssen Arbeitsplatzbelastungen (MAK-, BAT, TRK-Werte) gemessen werden? | ☐ | ☐ | ☐ |
| C15 | Muß eine behördliche Genehmigung für die Abfallbeseitigung eingeholt werden? | ☐ | ☐ | ☐ |
| C16 | Fallen in Ihrem Unternehmen regelmäßig Sonderabfälle an? | ☐ | ☐ | ☐ |
| C 17 | Sind zur Zeit Betriebsbeauftragte, z. B. in den Bereichen Immissionsschutz, Gewässerschutz, Abfall, Gefahrstoffguttransport, Strahlenschutz, Störfälle oder Arbeitssicherheit bestellt und den Behörden gemeldet? | ☐ | ☐ | ☐ |
| C18 | Transportiert das Unternehmen gefährliche Güter? | ☐ | ☐ | ☐ |

| | | ja | nein | unbekannt |
|---|---|---|---|---|
| C19 | Versenden oder befördern Sie mehr als 50 t/Jahr gefährliche Güter (gemäß Gefahrgutverordnung GGVS)? | ☐ | ☐ | ☐ |
| C20 | Werden in Ihrer Betriebsstätte brennbare Flüssigkeiten in ortsbeweglichen Behältern oder Tanks gelagert? | ☐ | ☐ | ☐ |
| C21 | Ist die Zuständigkeit für die Lagerung von Produkten, Roh-, Hilfs- und Betriebsstoffen eindeutig und schriftlich bestimmten Personen zugeordnet? | ☐ | ☐ | ☐ |
| C22 | Ist Ihr Unternehmen Abfallerzeuger für besonders überwachungsbedürftige Abfälle? | ☐ | ☐ | ☐ |
| C23 | Werden Abfälle auf Ihrem Betriebsgelände über längere Zeit zwischengelagert? | ☐ | ☐ | ☐ |
| C24 | Ist die Zuständigkeit für Abfälle eindeutig und schriftlich bestimmten Personen zugeordnet? | ☐ | ☐ | ☐ |

I

*(Veröffentlichungsbedürftige Rechtsakte)*

# VERORDNUNG (EWG) Nr. 1836/93 DES RATES
## vom 29. Juni 1993
## über die freiwillige Beteiligung gewerblicher Unternehmen an einem Gemeinschaftssystem für das Umweltmanagement und die Umweltbetriebsprüfung

DER RAT DER EUROPÄISCHEN GEMEINSCHAFTEN —

gestützt auf den Vertrag zur Gründung der Europäischen Wirtschaftsgemeinschaft, insbesondere auf Artikel 130s,

auf Vorschlag der Kommission [1],

nach Stellungnahme des Europäischen Parlaments [2],

nach Stellungnahme des Wirtschafts- und Sozialausschusses [3],

in Erwägung nachstehender Gründe:

Die Ziele und Grundsätze der Umweltpolitik der Gemeinschaft, die im Vertrag festgelegt und in der Entschließung des Rates der Europäischen Gemeinschaften und der im Rat vereinigten Vertreter der Regierungen der Mitgliedstaaten vom 1. Februar 1993 über ein Programm der Europäischen Gemeinschaft für Umweltpolitik und Maßnahmen im Hinblick auf eine dauerhafte und umweltgerechte Entwicklung [4] sowie in früheren Entschließungen über eine Umweltpolitik und ein Aktionsprogramm der Gemeinschaft für den Umweltschutz von 1973 [5], 1977 [6], 1983 [7] und 1987 [8] ausgeführt sind, umfassen im besonderen die Verhütung, die Verringerung und, soweit möglich, die Beseitigung der Umweltbelastungen insbesondere an ihrem Ursprung auf der Grundlage des Verursacherprinzips sowie eine gute Bewirtschaftung der Rohstofquellen und den Einsatz von sauberen oder saubereren Technologien.

In Artikel 2 des Vertrages in der zukünftigen Fassung des am 7. Februar 1992 in Maastricht unterzeichneten Vertrages über die Europäische Union heißt es, daß es Aufgabe der Gemeinschaft ist, innerhalb der Gemeinschaft ein beständiges Wachstum zu fördern, und in der Entschließung des Rates vom 1. Februar 1993 wird die Bedeutung eines solchen dauerhaften und umweltgerechten Wachstums hervorgehoben.

In dem von der Kommission vorgelegten und in der Entschließung des Rates vom 1. Februar 1993 im Gesamtkonzept gebilligten Programm „Für eine dauerhafte und umweltgerechte Entwicklung" wird die Rolle und die Verantwortung der Unternehmen sowohl für die Stärkung der Wirtschaft als auch für den Schutz der Umwelt in der Gemeinschaft unterstrichen.

Die Industrie trägt Eigenverantwortung für die Bewältigung der Umweltfolgen ihrer Tätigkeiten und sollte daher in diesem Bereich zu einem aktiven Konzept kommen.

Diese Verantwortung verlangt von den Unternehmen die Festlegung und Umsetzung von Umweltpolitik, -zielen und -programmen sowie wirksamer Umweltmanagementsysteme; die Unternehmen sollten eine Umweltpolitik festlegen, die nicht nur die Einhaltung aller einschlägigen Umweltvorschriften vorsieht, sondern auch Verpflichtungen zur angemessenen kontinuierlichen Verbesserung des betrieblichen Umweltschutzes umfaßt.

Bei der Anwendung von Umweltmanagementsystemen in Unternehmen ist dem Erfordernis Rechnung zu tragen, daß die Betriebsangehörigen über die Erstellung und Durchführung solcher Systeme unterrichtet werden und eine entsprechende Ausbildung erhalten.

Umweltmanagementsysteme sollten Verfahren für die Umweltbetriebsprüfung umfassen, damit die Unternehmensleitung besser beurteilen kann, inwieweit das System angewandt wird und sich bei der Verfolgung der Umweltpolitik des Unternehmens als wirksam erweist.

Die Unterrichtung der Öffentlichkeit durch die Unternehmen über die Umweltaspekte ihrer Tätigkeiten stellt einen wesentlichen Bestandteil guten Umweltmanagements und eine Antwort auf das zunehmende Interesse der Öffentlichkeit an diesbezüglichen Informationen dar.

Die Unternehmen sollten daher ermutigt werden, regelmäßig Umwelterklärungen zu erstellen und zu verbreiten, aus denen die Öffentlichkeit entnehmen kann, welche Umweltfaktoren an den Betriebsstandorten gegeben sind und wie die Umweltpolitik, -programme und -ziele sowie das Umweltmanagement der Unternehmen aussehen.

Transparenz und Glaubwürdigkeit der Tätigkeiten der Unternehmen in diesem Bereich werden verstärkt, wenn zugelassene Umweltgutachter die Umweltpolitik, -programme, -managementsysteme und -betriebsprüfungsverfahren sowie die Umwelterklärungen der Unternehmen auf ihre Übereinstimmung mit den einschlä-

[1] ABl. Nr. C 120 vom 30. 4. 1993, S. 3.
[2] ABl. Nr. C 42 vom 15. 2 1993, S. 44.
[3] ABl. Nr. C 332 vom 16. 12. 1992, S. 44.
[4] Noch nicht im Amtsblatt veröffentlicht.
[5] ABl. Nr. C 112 vom 20. 12. 1973, S. 1.
[6] ABl. Nr. C 139 vom 13. 6. 1977, S. 1.
[7] ABl. Nr. C 46 vom 17. 2. 1983, S. 1.
[8] ABl. Nr. C 70 vom 18. 3. 1987, S. 1.

gigen Anforderungen dieser Verordnung hin prüfen und die Umwelterklärungen der Unternehmen für gültig erklären.

Es ist dafür zu sorgen, daß die Zulassung der und die Aufsicht über die Umweltgutachter auf unabhängige und unparteiische Weise erfolgen, damit die Glaubwürdigkeit des Systems gewährleistet wird.

Die Unternehmen sollten ermutigt werden, sich auf freiwilliger Basis an einem solchen System zu beteiligen. Damit das System innerhalb der Gemeinschaft überall gleich angewandt wird, müssen die Regeln, Verfahren und die wesentlichen Anforderungen in allen Mitgliedstaaten dieselben sein.

Ein Gemeinschaftssystem für das Umweltmanagement und die Umweltbetriebsprüfung sollte in einem ersten Stadium auf den gewerblichen Bereich abstellen, in dem es bereits Umweltmanagementsysteme und Umweltbetriebsprüfungen gibt. Versuchsweise sollten für nichtgewerbliche Sektoren wie den Handel oder den öffentlichen Dienstleistungsbereich entsprechende Bestimmungen erlassen werden.

Damit eine ungerechtfertigte Belastung der Unternehmen vermieden und eine Übereinstimmung zwischen dem Gemeinschaftssystem und einzelstaatlichen, europäischen und internationalen Normen für Umweltmanagementsysteme und Umweltbetriebsprüfungen hergestellt wird, sollten die Normen, die von der Kommission nach einem geeigneten Verfahren anerkannt wurden, als den einschlägigen Vorschriften dieser Verordnung entsprechend angesehen werden; die Unternehmen sollten von diesbezüglichen Doppelverfahren entbunden werden.

Es ist von Bedeutung, daß sich kleine und mittlere Unternehmen an dem Gemeinschaftssystem für Umweltmanagement und Umweltbetriebsprüfung beteiligen und dies dadurch gefördert wird, daß Maßnahmen und Strukturen zur technischen Hilfsleistung eingeführt und gefördert werden, damit die Unternehmen über die erforderliche Fachkenntnis und Unterstützung verfügen.

Die Kommission sollte nach einem gemeinschaftlichen Verfahren die Anhänge zu dieser Verordnung anpassen, einzelstaatliche, europäische und internationale Normen für Umweltmanagementsysteme anerkennen, Leitlinien für die Festlegung der Häufigkeit von Umweltbetriebsprüfungen aufstellen und die Zusammenarbeit zwischen den Mitgliedstaaten in bezug auf die Zulassung der und die Aufsicht über die Umweltgutachter fördern.

Diese Verordnung sollte nach einer gewissen Durchführungszeit anhand der gewonnenen Erfahrungen überprüft werden —

HAT FOLGENDE VERORDNUNG ERLASSEN:

*Artikel 1*

**Das Umweltmanagement- und Umweltbetriebssystem und seine Ziele**

(1) Es wird ein System der Gemeinschaft zur Bewertung und Verbesserung des betrieblichen Umweltschutzes im Rahmen von gewerblichen Tätigkeiten und zur geeigneten Unterrichtung der Öffentlichkeit geschaffen — nachstehend „Gemeinschaftssystem für das Umweltmanagement und die Umweltbetriebsprüfung" bzw. „System" genannt —, an dem sich Unternehmen mit gewerblichen Tätigkeiten freiwillig beteiligen können.

(2) Ziel des Systems ist die Förderung der kontinuierlichen Verbesserung des betrieblichen Umweltschutzes im Rahmen der gewerblichen Tätigkeiten durch:

a) Festlegung und Umsetzung standortbezogener Umweltpolitik, -programme und -managementsysteme durch die Unternehmen;

b) systematische, objektive und regelmäßige Bewertung der Leistung dieser Instrumente;

c) Bereitstellung von Informationen über den betrieblichen Umweltschutz für die Öffentlichkeit.

(3) Bestehende gemeinschaftliche oder einzelstaatliche Rechtsvorschriften oder technische Normen für Umweltkontrollen sowie die Verpflichtungen der Unternehmen aus diesen Rechtsvorschriften und Normen bleiben von diesem System unberührt.

*Artikel 2*

**Begriffsbestimmungen**

Für diese Verordnung gelten folgende Begriffsbestimmungen:

a) „Umweltpolitik": die umweltbezogenen Gesamtziele und Handlungsgrundsätze eines Unternehmens, einschließlich der Einhaltung aller einschlägigen Umweltvorschriften;

b) „Umweltprüfung": eine erste umfassende Untersuchung der umweltbezogenen Fragestellungen, Auswirkungen und des betrieblichen Umweltschutzes im Zusammenhang mit der Tätigkeit an einem Standort;

c) „Umweltprogramm": eine Beschreibung der konkreten Ziele und Tätigkeiten des Unternehmens, die einen größeren Schutz der Umwelt an einem bestimmten Standort gewährleisten sollen, einschließlich einer Beschreibung der zur Erreichung dieser Ziele getroffenen oder in Betracht gezogenen Maßnahmen und der gegebenenfalls festgelegten Fristen für die Durchführung dieser Maßnahmen;

d) „Umweltziele": die Ziele, die sich ein Unternehmen im einzelnen für seinen betrieblichen Umweltschutz gesetzt hat;

e) „Umweltmanagementsystem": der Teil des gesamten übergreifenden Managementsystems, der die Organisationsstruktur, Zuständigkeiten, Verhaltensweisen, förmlichen Verfahren, Abläufe und Mittel für die Festlegung und Durchführung der Umweltpolitik einschließt;

f) „Umweltbetriebsprüfung": ein Managementinstrument, das eine systematische, dokumentierte, regelmäßige und objektive Bewertung der Leistung der Organisation, des Managements und der Abläufe zum Schutz der Umwelt umfaßt und folgenden Zielen dient:

   i) Erleichterung der Managementkontrolle von Verhaltensweisen, die eine Auswirkung auf die Umwelt haben können;

ii) Beurteilung der Übereinstimmung mit der Unternehmenspolitik im Umweltbereich;

g) „Betriebsprüfungszyklus": der Zeitraum, innerhalb dessen alle Tätigkeiten an einem Standort gemäß Artikel 4 und Anhang II in bezug auf alle in Anhang I Teil C aufgeführten relevanten Umweltaspekte einer Betriebsprüfung unterzogen werden;

h) „Umwelterklärung": die von dem Unternehmen gemäß dieser Verordnung, insbesondere gemäß Artikel 5, abgefaßte Erklärung;

i) „Gewerbliche Tätigkeit": jede Tätigkeit, die unter die Abschnitte C und D der statistischen Systematik der Wirtschaftszweige in der Europäischen Gemeinschaft (NACE Rev. 1) gemäß der Verordnung (EWG) Nr. 3037/90 des Rates [1] fällt; hinzu kommen die Erzeugung von Strom, Gas, Dampf und Heißwasser sowie Recycling, Behandlung, Vernichtung oder Endlagerung von festen oder flüssigen Abfällen;

j) „Unternehmen": die Organisation die die Betriebskontrolle über die Tätigkeit an einem gegebenen Standort insgesamt ausübt;

k) „Standort": das Gelände, auf dem die unter der Kontrolle eines Untenehmens stehenden gewerblichen Tätigkeiten an einem bestimmten Standort durchgeführt werden, einschließlich damit verbundener oder zugehöriger Lagerung von Rohstoffen, Nebenprodukten, Zwischenprodukten, Endprodukten und Abfällen sowie der im Rahmen dieser Tätigkeiten genutzten beweglichen und unbeweglichen Sachen, die zur Ausstattung und Infrastruktur gehören;

l) „Betriebsprüfer": eine Person oder eine Gruppe, die zur Belegschaft des Unternehmens gehört oder unternehmensfremd sein kann, im Namen der Unternehmensleitung handelt, einzeln oder als Gruppe über die in Anhang II Teil C genannten fachlichen Qualifikationen verfügt und deren Unabhängigkeit von den geprüften Tätigkeiten groß genug ist, um eine objektive Beurteilung zu gestatten;

m) „Zugelassener Umweltgutachter": eine vom zu begutachtenden Unternehmen unabhängige Person oder Organisation, die gemäß den Bedingungen und Verfahren des Artikels 6 zugelassen worden ist;

n) „Zulassungssystem": ein System für die Zulassung der und die Aufsicht über die Umweltgutachter, das von einer unparteiischen Stelle oder Organisation betrieben wird, die von einem Mitgliedstaat benannt oder geschaffen wurde und über ausreichende Mittel und fachliche Qualifikationen sowie über geeignete förmliche Verfahren verfügt, um die in dieser Verordnung für ein solches System festgelegten Aufgaben wahrnehmen zu können;

o) „Zuständige Stellen": die gemäß Artikel 18 von den Mitgliedstaaten benannten Stellen, die die in dieser Verordnung festgelegten Aufgaben durchführen.

### *Artikel 3*

### Beteiligung an dem System

An dem System können sich alle Unternehmen beteiligen, die an einem oder an mehreren Standorten eine gewerbliche Tätigkeit ausüben. Zur Eintragung eines Standorts gemäß diesem System muß das Unternehmen:

a) im Einklang mit den einschlägigen Anforderungen nach Anhang I eine betriebliche Umweltpolitik festlegen, die nicht nur die Einhaltung aller einschlägigen Umweltvorschriften vorsieht, sondern auch Verpflichtungen zur angemessenen kontinuierlichen Verbesserung des betrieblichen Umweltschutzes umfaßt; diese Verpflichtungen müssen darauf abzielen, die Umweltauswirkungen in einem solchen Umfang zu verringern, wie es sich mit der wirtschaftlich vertretbaren Anwendung der besten verfügbaren Technik erreichen läßt;

b) eine Umweltprüfung an diesem Standort durchführen, die den in Anhang I Teil C genannten Aspekten Rechnung trägt;

c) aufgrund der Ergebnisse dieser Prüfung ein Umweltprogramm für den Standort und ein Umweltmanagementsystem für alle Tätigkeiten an dem Standort schaffen. Das Umweltprogramm muß der Erfüllung der Verpflichtungen dienen, die in der Umweltpolitik des Unternehmens im Hinblick auf eine kontinuierliche Verbesserung des betrieblichen Umweltschutzes festgelegt sind. Das Umweltmanagementsystem muß den Anforderungen des Anhangs I entsprechen;

d) Umweltbetriebsprüfungen an den betreffenden Standorten gemäß Artikel 4 durchführen oder durchführen lassen;

e) auf der höchsten dafür geeigneten Managementebene Ziele aufgrund der Ergebnisse der Umweltbetriebsprüfung festlegen, die auf eine kontinuierliche Verbesserung des betrieblichen Umweltschutzes gerichtet sind und das Umweltprogramm gegebenenfalls so abändern, daß diese Ziele am Standort erreicht werden können;

f) eine Umwelterklärung gemäß Artikel 5 gesondert für jeden Standort erstellen, an dem eine Betriebsprüfung durchgeführt wurde. Die erste Erklärung muß auch die in Anhang V genannten Angaben enthalten;

g) die Umweltpolitik, das Umweltprogramm, das Umweltmanagementsystem, die Umweltprüfung oder das Umweltbetriebsprüfungsverfahren und die Umwelterklärung(en) auf Übereinstimmung mit den einschlägigen Bestimmungen dieser Verordnung prüfen lassen und die Umwelterklärungen gemäß Artikel 4 und Anhang III für gültig erklären lassen;

h) die für gültig erklärten Umwelterklärungen der zuständigen Stelle des Mitgliedstaats übermitteln, in dem der Standort liegt, und sie gegebenenfalls nach Eintragung des betreffenden Standorts gemäß Artikel 8 der Öffentlichkeit in diesem Staat zur Kenntnis bringen.

[1] ABl. Nr. L 293 vom 24. 10. 1990, S. 1.

*Artikel 4*

**Umweltbetriebsprüfung und Gültigkeitserklärung**

(1) Die interne Umweltbetriebsprüfung an einem Standort kann durch Betriebsprüfer des Unternehmens oder durch für das Unternehmen tätige externe Personen oder Organisationen durchgeführt werden. In beiden Fällen erfolgt die Betriebsprüfung nach den Kriterien des Anhangs I Teil C und des Anhangs II.

(2) Die Häufigkeit von Betriebsprüfungen wird nach den Kriterien des Anhangs II Teil H auf der Grundlage von Leitlinien festgesetzt, die die Kommission nach dem Verfahren des Artikels 19 festlegt.

(3) Der zugelassene unabhängige Umweltgutachter prüft die Umweltpolitik, Umweltprogramme, Umweltmanagementsysteme, die Umweltprüfungs- oder Umweltbetriebsprüfungsverfahren und die Umwelterklärungen auf Übereinstimmung mit den Bestimmungen dieser Verordnung und erklärt die Umwelterklärungen auf der Grundlage des Anhangs III für gültig.

(4) Der zugelassene Umweltgutachter darf in keinem Abhängigkeitsverhältnis zum Betriebsprüfer des Standorts stehen.

(5) Im Sinne des Absatzes 3 und unbeschadet der Befugnisse der Vollzugsbehörden in den Mitgliedstaaten prüft der zugelassene Umweltgutachter,

a) ob die Umweltpolitik festgelegt wurde und den Bestimmungen des Artikels 3 sowie den einschlägigen Vorschriften des Anhangs I entspricht;

b) ob ein Umweltmanagementsystem und ein Umweltprogramm bestehen und am Standort angewandt werden und ob sie den einschlägigen Vorschriften des Anhangs I entsprechen;

c) ob die Umweltprüfung und -betriebsprüfung gemäß den einschlägigen Vorschriften der Anhänge I und II durchgeführt sind;

d) ob die Angaben in der Umwelterklärung zuverlässig sind und ob die Erklärung alle wichtigen Umweltfragen, die für den Standort von Bedeutung sind, in angemessener Weise berücksichtigt.

(6) Die Umwelterklärung wird von dem zugelassenen Umweltgutachter nur dann für gültig erklärt, wenn die in den Absätzen 3, 4 und 5 aufgeführten Voraussetzungen erfüllt sind.

(7) Externe Betriebsprüfer und zugelassene Umweltgutachter dürfen ohne Genehmigung der Unternehmensleitung keine Informationen oder Angaben Dritten zugänglich machen, zu denen sie im Verlauf ihrer Betriebsprüfung oder Gutachtertätigkeit Zugang erhalten haben.

*Artikel 5*

**Umwelterklärung**

(1) Für jeden an dem System der Gemeinschaft beteiligten Standort wird nach der ersten Umweltprüfung und nach jeder folgenden Betriebsprüfung oder nach jedem Betriebsprüfungszyklus eine Umwelterklärung erstellt.

(2) Die Umwelterklärung wird für die Öffentlichkeit verfaßt und in knapper, verständlicher Form geschrieben. Technische Unterlagen können beigefügt werden.

(3) Die Umwelterklärung umfaßt insbesondere

a) eine Beschreibung der Tätigkeiten des Unternehmens an dem betreffenden Standort;

b) eine Beurteilung aller wichtigen Umweltfragen im Zusammenhang mit den betreffenden Tätigkeiten;

c) eine Zusammenfassung der Zahlenangaben über Schadstoffemissionen, Abfallaufkommen, Rohstoff-, Energie- und Wasserverbrauch und gegebenenfalls über Lärm und andere bedeutsame umweltrelevante Aspekte, soweit angemessen;

d) sonstige Faktoren, die den betrieblichen Umweltschutz betreffen;

e) eine Darstellung der Umweltpolitik, des Umweltprogramms und des Umweltmanagementsystems des Unternehmens für den betreffenden Standort;

f) den Termin für die Vorlage der nächsten Umwelterklärung;

g) den Namen des zugelassenen Umweltgutachters.

(4) In der Umwelterklärung wird auf bedeutsame Veränderungen hingewiesen, die sich seit der vorangegangenen Erklärung ergeben haben.

(5) In der Zeit zwischen den Umweltbetriebsprüfungen wird jährlich eine vereinfachte Umwelterklärung erstellt, die mindestens auf den Vorschriften des Absatzes 3 Buchstabe c) beruht und gegebenenfalls auf bedeutsame Veränderungen seit der letzten Erklärung hinweist. Die vereinfachten Erklärungen brauchen erst am Ende der Betriebsprüfung oder des Betriebsprüfungszyklus für gültig erklärt zu werden.

(6) Die jährliche Erstellung von Umwelterklärungen ist jedoch nicht für Standorte erforderlich,

— für die aufgrund der Art und des Umfangs der Tätigkeit, insbesondere im Fall kleiner und mittlerer Unternehmen, nach Auffassung des zugelassenen Umweltgutachters bis zum Abschluß der nächsten Betriebsprüfung keine weiteren Umwelterklärungen erforderlich sind, und

— an denen es seit der letzten Umwelterklärung nur wenige bedeutsame Änderungen gegeben hat.

*Artikel 6*

**Zulassung der und Aufsicht über die Umweltgutachter**

(1) Die Mitgliedstaaten regeln die Zulassung unabhängiger Umweltgutachter und die Aufsicht über ihre Tätigkeit. Hierfür können die Mitgliedstaaten entweder bestehende Zulassungsstellen oder die in Artikel 18 genannten zuständigen Stellen heranziehen oder aber andere Stellen mit einer geeigneten Rechtsstellung benennen oder schaffen.

Die Mitgliedstaaten stellen eine unabhängige und neutrale Aufgabenwahrnehmung sicher.

(2) Die Mitgliedstaaten tragen dafür Sorge, daß die Zulassungssysteme innerhalb von einundzwanzig Monaten nach Inkrafttreten dieser Verordnung voll funktionsfähig sind.

(3) Die Mitgliedstaaten gewährleisten, daß die von der Schaffung und Leitung der Zulassungssysteme betroffenen Kreise in geeigneter Weise angehört werden.

(4) Für die Zulassung der Umweltgutachter und die Aufsicht über ihre Tätigkeiten gelten die Anforderungen von Anhang III.

(5) Die Mitgliedstaaten unterrichten die Kommission über die nach diesem Artikel getroffenen Maßnahmen.

(6) Die Kommission fördert im Einklang mit dem Verfahren des Artikels 19 die Zusammenarbeit ziwschen den Mitgliedstaaten, um insbesondere

— Unstimmigkeiten zwischen den Kriterien, Bedingungen und Verfahren zu vermeiden, die sie für die Zulassung von Umweltgutachtern anwenden,

— die Aufsicht über die Tätigkeiten der Umweltgutachter in anderen Mitgliedstaaten als denen zu erleichtern, in denen sie zugelassen sind.

(7) Die in einem Mitgliedstaat zugelassenen Umweltgutachter dürfen in allen anderen Mitgliedstaaten gutachterlich tätig werden, sofern dies dem Zulassungssystem des Mitgliedstaats, in dem die gutachterliche Tätigkeit erfolgt, zuvor notifiziert wird und sofern diese Tätigkeit der Aufsicht des Zulassungssystems des Mitgliedstaats unterliegt.

*Artikel 7*

## Liste der zugelassenen Umweltgutachter

Die Zulassungssysteme erstellen, überarbeiten und aktualisieren eine Liste der in den einzelnen Mitgliedstaaten zugelassenen Umweltgutachter und übermitteln diese Liste halbjährlich der Kommission.

Die Kommission veröffentlicht eine Gesamtliste für die Gemeinschaft im *Amtsblatt der Europäischen Gemeinschaften.*

*Artikel 8*

## Eintragung der Standorte

(1) Nachdem die zuständige Stelle eine für gültig erklärte Umwelterklärung und die gegebenenfalls nach Artikel 11 zu entrichtende Eintragungsgebühr für einen Standort erhalten hat und glaubhaft gemacht ist, daß der Standort alle Bedingungen dieser Verordnung erfüllt, trägt sie diesen in ein Verzeichnis ein und teilt ihm eine Nummer zu. Sie unterrichtet die Unternehmensleitung des Standorts davon, daß der Standort in dem Verzeichnis aufgeführt ist.

(2) Das in Absatz 1 genannte Verzeichnis der Standorte wird von der zuständigen Stelle jährlich auf den neuesten Stand gebracht.

(3) Versäumt es ein Unternehmen, der zuständigen Stelle innerhalb von drei Monaten nach einer entsprechenden Aufforderung eine für gültig erklärte Umwelterklärung vorzulegen und die Eintragungsgebühr zu entrichten, oder stellt die zuständige Stelle zu einem beliebigen Zeitpunkt fest, daß der Standort nicht mehr alle Anforderungen dieser Verordnung erfüllt, so wird dieser Standort aus dem Verzeichnis gestrichen und die Unternehmensleitung des Standorts davon unterrichtet.

(4) Wird eine zuständige Stelle von der zuständigen Vollzugsbehörde von einem Verstoß gegen einschlägige Umweltvorschriften am Standort unterrichtet, so lehnt sie die Eintragung dieses Standorts ab oder hebt sie vorübergehend auf und unterrichtet die Unternehmensleitung des Standorts davon.

Die Ablehnung oder vorübergehende Aufhebung wird zurückgenommen, wenn die zuständige Stelle von der Vollzugsbehörde hinreichende Zusicherungen dahingehend erhalten hat, daß der Verstoß abgestellt wurde und hinreichende Vorkehrungen getroffen wurden, die eine Wiederholung ausschließen.

*Artikel 9*

## Veröffentlichung des Verzeichnisses der eingetragenen Standorte

Die zuständigen Stellen übermitteln der Kommission je nach der Entscheidung des betreffenden Mitgliedstaats entweder unmittelbar oder über die nationalen Behörden vor Ende eines jeden Jahres die Verzeichnisse gemäß Artikel 8 und deren aktualisierte Fassungen.

Das Verzeichnis aller eingetragenen Standorte in der Gemeinschaft wird von der Kommission jährlich im *Amtsblatt der Europäischen Gemeinschaften* veröffentlicht.

*Artikel 10*

## Teilnahmeerklärung

(1) Die Unternehmen können für ihren eingetragenen Standort oder für ihre eingetragenen Standorte eine der in Anhang IV aufgeführten Teilnahmeerklärungen verwenden, in denen die Art der Teilnahme an dem System deutlich zum Ausdruck kommt.

Eine Graphik darf nicht ohne eine der Teilnahmeerklärungen verwandt werden.

(2) Soweit erforderlich, müssen die Bezeichnung des Standorts oder der Standorte in der Teilnahmeerklärung angegeben werden.

(3) Die Teilnahmeerklärung darf weder in der Produktwerbung verwendet noch auf den Erzeugnissen selbst oder auf ihrer Verpackung angegeben werden.

*Artikel 11*

**Kosten und Gebühren**

Zur Deckung der im Zusammenhang mit den Eintragungsverfahren für Standorte und die Zulassung von Umweltgutachtern anfallenden Verwaltungskosten sowie der Kosten für die Förderung der Teilnahme von Unternehmen kann nach Modalitäten, die von den Mitgliedstaaten festgelegt werden, ein Gebührensystem eingerichtet werden.

*Artikel 12*

**Verhältnis zu einzelstaatlichen, europäischen und internationalen Normen**

(1) Unternehmen, die einzelstaatliche, europäische oder internationale Normen für Umweltmanagementsysteme und Betriebsprüfungen anwenden und nach geeigneten Zertifizierungsverfahren eine Bescheinigung darüber erhalten haben, daß sie diese Normen erfüllen, gelten als den einschlägigen Vorschriften diese Verordnung entsprechend, vorausgesetzt, daß

a) die Normen und Verfahren von der Kommission gemäß dem Verfahren des Artikels 19 anerkannt werden;

b) die Bescheinigung von einer Stelle erteilt wird, deren Zulassung in dem Mitgliedstaat, in dem sich der Standort befindet, anerkannt ist.

Quellenangaben betreffend die anerkannten Normen und Kriterien werden im *Amtsblatt der Europäischen Gemeinschaften* veröffentlicht.

(2) Damit solche Standorte im Rahmen dieses Systems eingetragen werden können, müssen die betreffenden Unternehmen in allen Fällen den Vorschriften der Artikel 3 und 5 betreffend die Umwelterklärung einschließlich der Gültigkeitserklärung sowie den Bestimmungen des Artikels 8 entsprechen.

*Artikel 13*

**Förderung der Teilnahme von Unternehmen, insbesondere von kleinen und mittleren Unternehmen**

(1) Die Mitgliedstaaten können die Teilnahme von Unternehmen, insbesondere von kleinen und mittleren Unternehmen, an dem Umweltmanagement- und Betriebsprüfungssystem fördern, indem sie Maßnahmen und Strukturen zur technischen Hilfsleistung einführen oder fördern, damit die Unternehmen über die Fachkenntnisse und die Unterstützung verfügen können, die sie brauchen, um die Regeln, Vorschriften und förmlichen Verfahren dieser Verodnung einzuhalten und insbesondere um Umweltpolitiken, -programme und -managementsysteme zu entwickeln, Betriebsprüfungen durchzuführen und Erklärungen zu erstellen und für gültig erklären zu lassen.

(2) Die Kommission unterbreitet dem Rat geeignete Vorschläge, die auf eine stärkere Teilnahme kleiner und mittlerer Unternehmen an dem System abzielen, insbesondere durch Information, Ausbildung sowie strukturelle und technische Unterstützung, sowie in bezug auf Betriebsprüfungsverfahren und Prüfungen durch den Umweltgutachter.

*Artikel 14*

**Einbeziehung weiterer Sektoren**

Die Mitgliedstaaten können für nicht gewerbliche Sektoren, beispielsweise für den Handel und den öffentlichen Dienstleistungsbereich, versuchsweise Bestimmungen analog zu dem Umweltmanagement- und -betriebsprüfungssystem erlassen.

*Artikel 15*

**Information**

Die einzelnen Mitgliedstaaten sorgen mit den geeigneten Mitteln dafür, daß

— die Unternehmen über den Inhalt dieser Verordnung unterrichtet werden;

— die Öffentlichkeit über die Ziele und die wichtigsten Einzelheiten des Systems unterrichtet wird.

*Artikel 16*

**Verstöße**

Die Mitgliedstaaten treffen für den Fall der Nichtbeachtung dieser Verordnung geeignete Rechts- oder Verwaltungsmaßnahmen.

*Artikel 17*

**Anhänge**

Die Anhänge zu dieser Verordnung werden von der Kommission nach dem Verfahren des Artikels 19 anhand der bei der Durchführung des Systems gemachten Erfahrungen angepaßt.

*Artikel 18*

**Zuständige Stellen**

(1) Jeder Mitgliedstaat benennt innerhalb von zwölf Monaten nach Inkrafttreten dieser Verordnung die zuständige Stelle, die für die Durchführung der in dieser Verordnung, insbesondere in den Artikeln 8 und 9, festgelegten Aufgaben verantwortlich ist; er setzt die Kommission hiervon in Kenntnis.

(2) Die Mitgliedstaaten achten darauf, daß die zuständigen Stellen so zusammengesetzt sind, daß ihre Unabhängigkeit und Neutralität gewährleistet ist und daß die zuständigen Stellen diese Verordnung einheitlich anwenden. Die zuständigen Stellen müssen insbesondere Verfahren für die Berücksichtigung von Bemerkungen der betroffenen Parteien zu den eingetragenen Standorten und zur Streichung oder verübergehenden Aufhebung der Eintragungen eines Standorts vorsehen.

*Artikel 19*

**Ausschuß**

(1) Die Kommission wird von einem Ausschuß unterstützt, der sich aus den Vertretern der Mitgliedstaaten zusammensetzt und in dem der Vertreter der Kommission den Vorsitz führt.

(2) Der Vertreter der Kommission unterbreitet dem Ausschuß einen Entwurf der zu treffenden Maßnahmen. Der Ausschuß gibt seine Stellungnahme zu diesem Entwurf innerhalb einer Frist ab, die der Vorsitzende unter Berücksichtigung der Dringlichkeit der betreffenden Frage festsetzen kann. Die Stellungnahme wird mit der Mehrheit abgegeben, die in Artikel 148 Absatz 2 des Vertrages für die Annahme der vom Rat auf Vorschlag der Kommission zu fassenden Beschlüsse vorgesehen ist. Bei der Abstimmung im Ausschuß werden die Stimmen der Vertreter der Mitgliedstaaten gemäß dem vorgenannten Artikel gewogen. Der Vorsitzende nimmt an der Abstimmung nicht teil.

(3) a) Die Kommission erläßt die beabsichtigten Maßnahmen, wenn sie mit der Stellungnahme des Ausschusses übereinstimmen.

b) Stimmen die beabsichtigten Maßnahmen mit der Stellungnahme des Ausschusses nicht überein oder liegt keine Stellungnahme vor, so unterbreitet die Kommission dem Rat unverzüglich einen Vorschlag für die zu treffenden Maßnahmen. Der Rat beschließt mit qualifizierter Mehrheit.

Hat der Rat binnen drei Monaten nach seiner Befassung keinen Beschluß gefaßt, so werden die vorgeschlagenen Maßnahmen von der Kommission erlassen.

*Artikel 20*

**Überprüfung**

Spätestens fünf Jahre nach Inkrafttreten dieser Verordnung überprüft die Kommission das System anhand der bei ihrer Durchführung gemachten Erfahrungen und schlägt dem Rat gegebenenfalls geeignete Änderungen insbesondere für den Umfang des Systems und die etwaige Einführung eines Zeichens vor.

*Artikel 21*

**Inkrafttreten**

Diese Verordnung tritt am dritten Tag nach ihrer Veröffentlichung im *Amtsblatt der Europäischen Gemeinschaften* in Kraft.

Sie gilt ab dem 21. Monat nach ihrer Veröffentlichung.

Diese Verordnung ist in allen ihren Teilen verbindlich und gilt unmittelbar in jedem Mitgliedstaat.

Geschehen zu Luxemburg am 29. Juni 1993.

*Im Namen des Rates*

*Der Präsident*

S. AUKEN

*ANHANG I*

## VORSCHRIFTEN IN BEZUG AUF UMWELTPOLITIK, -PROGRAMME UND -MANAGEMENTSYSTEME

### A. Umweltpolitik, -ziele und -programme

1. Die Umweltpolitik sowie das Umweltprogramm des Unternehmens für den betreffenden Standort werden in schriftlicher Form festgelegt. In den dazugehörigen Dokumenten wird erläutert, wie das Umweltprogramm und das Umweltmanagementsystem, die für den Standort gelten, auf die Politik und die Systeme des Unternehmens insgesamt bezogen sind.

2. Die Umweltpolitik des Unternehmens wird auf der höchsten Managementebene festgelegt und in regelmäßigen Zeitabständen insbesondere im Lichte von Umweltbetriebsprüfungen überprüft und gegebenenfalls angepaßt. Sie wird den Beschäftigten des Unternehmens mitgeteilt und der Öffentlichkeit zugänglich gemacht.

3. Die Umweltpolitik des Unternehmens beruht auf den in Teil D aufgeführten Handlungsgrundsätzen.

   Über die Einhaltung der einschlägigen Umweltvorschriften hinaus bezweckt die Politik eine stetige Verbesserung des betrieblichen Umweltschutzes.

   Die Umweltpolitik und das Umweltprogramm für den betreffenden Standort stellen insbesondere auf die in Teil C aufgeführten Gesichtspunkte ab.

4. *Umweltziele*

   Das Unternehmen legt seine Umweltziele auf allen betroffenen Unternehmensebenen fest.

   Die Ziele müssen im Einklang mit der Umweltpolitik stehen und so formuliert sein, daß die Verpflichtung zur stetigen Verbesserung des betrieblichen Umweltschutzes, wo immer dies in der Praxis möglich ist, quantitativ bestimmt und mit Zeitvorgaben versehen wird.

5. *Umweltprogramm für den Standort*

   Vom Unternehmen wird ein Programm zur Verwirklichung der Ziele am Standort aufgestellt und fortgeschrieben. Das Programm umfaßt folgendes:

   a) Festlegung der Verantwortung für die Erreichung der Ziele in jedem Aufgabenbereich und auf jeder Ebene des Unternehmens;

   b) die Mittel, mit denen diese Ziele erreicht werden sollen.

   Für Vorhaben im Zusammenhang mit neuen Entwicklungen oder neuen oder geänderten Produkten, Dienstleistungen oder Verfahren werden gesonderte Umweltmanagementprogramme aufgestellt, in denen folgendes festgelegt wird:

   1. die angestrebten Umweltziele;
   2. die Instrumente für die Verwirklichung dieser Ziele;
   3. die bei Änderungen im Projektverlauf anzuwendenden förmlichen Verfahren;
   4. die erforderlichenfalls anzuwendenden Korrekturmaßnahmen, das Verfahren für ihre Ergreifung und das Verfahren, mit dem abgeschätzt werden soll, inwieweit die Korrekturmaßnahmen in jeder einzelnen Anwendungssituation angemessen sind.

### B. Umweltmanagementsysteme

Das Umweltmanagementsystem wird so ausgestattet, angewandt und aufrechterhalten, daß es die Erfüllung der nachstehend definierten Anforderungen gewährleistet.

1. *Umweltpolitik, -ziele und -programme*

   Festlegung und Überprüfung in regelmäßigen Zeitabständen sowie gegebenenfalls Anpassung von Umweltpolitik, -zielen und -programmen des Unternehmens für den Standort auf der höchsten geeigneten Managementebene.

2. *Organisation und Personal*

   Verantwortung und Befugnisse

   Definition und Beschreibung von Verantwortung, Befugnissen und Beziehungen zwischen den Beschäftigten in Schlüsselfunktionen, die die Arbeitsprozesse mit Auswirkungen auf die Umwelt leiten, durchführen und überwachen.

   Managementvertreter

   Bestellung eines Managementvertreters mit Befugnissen und Verantwortung für die Anwendung und Aufrechterhaltung des Managementsystems.

Personal, Kommunikation und Ausbildung

Vorkehrungen, die gewährleisten, daß sich die Beschäftigten auf allen Ebenen bewußt sind über

a) die Bedeutung der Einhaltung der Umweltpolitik und -ziele sowie der Anforderungen nach dem festgelegten Managementsystem;

b) die möglichen Auswirkungen ihrer Arbeit auf die Umwelt und den ökologischen Nutzen eines verbesserten betrieblichen Umweltschutzes;

c) ihre Rolle und Verantwortung bei der Einhaltung der Umweltpolitik und der Umweltziele sowie der Anforderungen des Managementsystems;

d) die möglichen Folgen eines Abweichens von den festgelegten Arbeitsabläufen.

Ermittlung von Ausbildungsbedarf und Durchführung einschlägiger Ausbildungsmaßnahmen für alle Beschäftigten, deren Arbeit bedeutende Auswirkungen auf die Umwelt haben kann.

Vom Unternehmen werden Verfahren eingerichtet und fortgeschrieben, um in bezug auf die Umweltauswirkungen und das Umweltmanagement des Unternehmens (interne und externe) Mitteilungen von betroffenen Parteien entgegenzunehmen, zu dokumentieren und zu beantworten.

3. *Auswirkungen auf die Umwelt*

Bewertung und Registrierung der Auswirkungen auf die Umwelt

Prüfung und Beurteilung der Umweltauswirkungen der Tätigkeit des Unternehmens am Standort sowie Erstellung eines Verzeichnisses der Auswirkungen, deren besondere Bedeutung festgestellt worden ist. Dies schließt gegebenenfalls die Berücksichtigung folgender Sachverhalte ein:

a) kontrollierte und unkontrollierte Emissionen in die Atmosphäre;

b) kontrollierte und unkontrollierte Ableitungen in Gewässer oder in die Kanalisation;

c) feste und andere Abfälle, insbesondere gefährliche Abfälle;

d) Kontaminierung von Erdreich;

e) Nutzung von Boden, Wasser, Brennstoffen und Energie sowie anderen natürlichen Ressourcen;

f) Freisetzung von Wärme, Lärm, Geruch, Staub, Erschütterungen und optische Einwirkungen;

g) Auswirkungen auf bestimmte Teilbereiche der Umwelt und auf Ökosysteme.

Dies umfaßt Auswirkungen, die sich ergeben oder wahrscheinlich ergeben aufgrund von

1. normalen Betriebsbedingungen;
2. abnormalen Betriebsbedingungen;
3. Vorfällen, Unfällen und möglichen Notfällen;
4. früheren, laufenden und geplanten Tätigkeiten.

Verzeichnis von Rechts- und Verwaltungsvorschriften und sonstigen umweltpolitischen Anforderungen.

Von dem Unternehmen werden Verfahren für die Registrierung aller Rechts- und Verwaltungsvorschriften und sonstiger umweltpolitischer Anforderungen in bezug auf die umweltrelevanten Aspekte seiner Tätigkeiten, Produkte und Dienstleistungen eingerichtet und fortgeschrieben.

4. *Aufbau- und Ablaufkontrolle*

Festlegung von Aufbau- und Ablaufverfahren

Ermittlung von Funktionen, Tätigkeiten und Verfahren, die sich auf die Umwelt auswirken oder auswirken können und für Politik und Ziele des Unternehmens relevant sind.

Planung und Kontrolle derartiger Funktionen, Tätigkeiten und Verfahren, insbesondere in bezug auf

a) dokumentierte Arbeitsanweisungen, in denen festgelegt ist, wie die Tätigkeit entweder von den Beschäftigten des Unternehmens oder von anderen, die für sie handeln, durchgeführt werden muß. Derartige Anweisungen werden für Fälle vorbereitet, in denen ein Fehlen derartiger Anweisungen zu einem Verstoß gegen die Umweltpolitik führen könnte;

b) Verfahren betreffend die Beschaffung und die Tätigkeit von Vertragspartnern, um sicherzustellen, daß die Lieferanten und diejenigen, die im Auftrag des Unternehmens tätig werden, die sie betreffenden ökologischen Anforderungen des Unternehmens einhalten;

c) Überwachung und Kontrolle der relevanten verfahrenstechnischen Aspekte (z. B. Verbleib von Abwässern und Beseitigung von Abfällen);

d) Billigung geplanter Verfahren und Ausrüstungen;

e) Kriterien für Leistungen im Umweltschutz, die in schriftlicher Form als Norm festgelegt werden.

Kontrolle

Durch das Unternehmen ausgeführte Kontrolle der Einhaltung der Anforderungen, die das Unternehmen im Rahmen seiner Umweltpolitik, seines Umweltprogramms und seines Umweltmanagementsystems für den Standort definiert hat, sowie die Einführung und Weiterführung von Ergebnisprotokollen.

Dies beinhaltet für jede Tätigkeit bzw. jeden Bereich

a) die Ermittlung und Dokumentierung der für die Kontrolle erforderlichen Informationen;

b) die Spezifizierung und Dokumentierung der für die Kontrolle anzuwendenden Verfahren;

c) die Definition und Dokumentierung von Akzeptanzkriterien und Maßnahmen, die im Fall unbefriedigender Ergebnisse zu ergreifen sind;

d) die Beurteilung und Dokumentierung der Brauchbarkeit von Informationen aus früheren Kontrollmaßnahmen, wenn sich herausstellt, daß ein Kontrollsystem schlecht funktioniert.

Nichteinhaltung und Korrekturmaßnahmen

Untersuchung und Korrekturmaßnahmen im Fall der Nichteinhaltung der Umweltpolitik, der Umweltziele oder Umweltnormen des Unternehmens, um

a) den Grund hierfür zu ermitteln;

b) einen Aktionsplan aufzustellen;

c) Vorbeugemaßnahmen einzuleiten, deren Umfang den aufgetretenen Risiken entspricht;

d) Kontrollen durchzuführen, um die Wirksamkeit der ergriffenen Vorbeugemaßnahmen zu gewährleisten;

e) alle Verfahrensänderungen festzuhalten, die sich aus den Korrekturmaßnahmen ergeben.

5. *Umweltmanagement-Dokumentation*

Erstellung einer Dokumentation mit Blick auf

a) eine umfassende Darstellung von Umweltpolitik, -zielen und -programmen;

d) die Beschreibung der Schlüsselfunktionen und -verantwortlichkeiten;

c) die Beschreibung der Wechselwirkungen zwischen den Systemelementen.

Erstellung von Aufzeichnungen, um die Einhaltung der Anforderungen des Umweltmanagementsystems zu belegen und zu dokumentieren, inwieweit Umweltziele erreicht wurden.

6. *Umweltbetriebsprüfungen*

Management, Durchführung und Prüfung eines systematischen und regelmäßig durchgeführten Programms betreffend

a) die Frage, ob die Umweltmanagementtätigkeiten mit dem Umweltprogramm in Einklang stehen und effektiv durchgeführt werden;

b) die Wirksamkeit des Umweltmanagementsystems für die Umsetzung der Umweltpolitik des Unternehmens.

C. **Zu behandelnde Gesichtspunkte**

Die nachstehenden Gesichtspunkte werden im Rahmen der Umweltpolitik und -programme sowie der Umweltbetriebsprüfungen berücksichtigt.

1. Beurteilung, Kontrolle und Verringerung der Auswirkungen der betreffenden Tätigkeit auf die verschiedenen Umweltbereiche;
2. Energiemanagement, Energieeinsparungen und Auswahl von Energiequellen;
3. Bewirtschaftung, Einsparung, Auswahl und Transport von Rohstoffen; Wasserbewirtschaftung und -einsparung;
4. Vermeidung, Recycling, Wiederverwendung, Transport und Endlagerung von Abfällen;
5. Bewertung, Kontrolle und Verringerung der Lärmbelästigung innerhalb und außerhalb des Standorts;
6. Auswahl neuer und Änderungen bei bestehenden Produktionsverfahren;
7. Produktplanung (Design, Verpackung, Transport, Verwendung und Endlagerung);
8. betrieblicher Umweltschutz und Praktiken bei Auftragnehmern, Unterauftragnehmern und Lieferanten;
9. Verhütung und Begrenzung umweltschädigender Unfälle;
10. besondere Verfahren bei umweltschädigenden Unfällen;
11. Information und Ausbildung des Personals in bezug auf ökologische Fragestellungen;
12. externe Information über ökologische Fragestellungen.

## D. Gute Managementpraktiken

Die Umweltpolitik des Unternehmens beruht auf den nachstehenden Handlungsgrundsätzen ; die Tätigkeit des Unternehmens wird regelmäßig daraufhin überprüft, ob sie diesen Grundsätzen und dem Grundsatz der stetigen Verbesserung des betrieblichen Umweltschutzes entspricht.

1. Bei den Arbeitnehmern wird auf allen Ebenen das Verantwortungsbewußtsein für die Umwelt gefördert.
2. Die Umweltauswirkungen jeder neuen Tätigkeit, jedes neuen Produkts und jedes neuen Verfahrens werden im voraus beurteilt.
3. Die Auswirkungen der gegenwärtigen Tätigkeiten auf die lokale Umgebung werden beurteilt und überwacht und alle bedeutenden Auswirkungen dieser Tätigkeiten auf die Umwelt im allgemeinen werden geprüft.
4. Es werden die notwendigen Maßnahmen ergriffen, um Umweltbelastungen zu vermeiden bzw. zu beseitigen und, wo dies nicht zu bewerkstelligen ist, umweltbelastende Emissionen und das Abfallaufkommen auf ein Mindestmaß zu verringern und die Ressourcen zu erhalten ; hierbei sind mögliche umweltfreundliche Technologien zu berücksichtigen.
5. Es werden notwendige Maßnahmen ergriffen, um unfallbedingte Emissionen von Stoffen oder Energie zu vermeiden.
6. Es werden Verfahren zur Kontrolle der Übereinstimmung mit der Umweltpolitik festgelegt und angewandt ; sofern diese Verfahren Messungen und Versuche erfordern, wird für die Aufzeichnung und Aktualisierung der Ergebnisse gesorgt.
7. Es werden Verfahren und Maßnahmen für die Fälle festgelegt und auf dem neuesten Stand gehalten, in denen festgestellt wird, daß ein Unternehmen seine Umweltpolitik oder Umweltziele nicht einhält.
8. Zusammen mit den Behörden werden besondere Verfahren ausgearbeitet und auf dem neuesten Stand gehalten, um die Auswirkungen von etwaigen unfallbedingten Ableitungen möglichst gering zu halten.
9. Die Öffentlichkeit erhält alle Informationen, die zum Verständnis der Umweltauswirkungen der Tätigkeit des Unternehmens benötigt werden ; ferner sollte ein offener Dialog mit der Öffentlichkeit geführt werden.
10. Die Kunden werden über die Umweltaspekte im Zusammenhang mit der Handhabung, Verwendung und Endlagerung der Produkte des Unternehmens in angemessener Weise beraten.
11. Es werden Vorkehrungen getroffen, durch die gewährleistet wird, daß die auf dem Betriebsgelände arbeitenden Vertragspartner des Unternehmens die gleichen Umweltnormen anwenden wie es selbst.

*ANHANG II*

## ANFORDERUNGEN IN BEZUG AUF DIE UMWELTBETRIEBSPRÜFUNG

Die Umweltbetriebsprüfung wird nach den Leitlinien der internationalen Norm ISO 10011, 1990, Teil 1, insbesondere Nummern 4.2, 5.1, 5.2, 5.3, 5.4.1 und 5.4.2 und anderer relevanter internationaler Normen sowie im Rahmen der spezifischen Grundsätze und Anforderungen dieser Verordnung geplant und durchgeführt (*).

Insbesondere gilt folgendes :

A. **Ziele**

In den Umweltbetriebsprüfungsprogrammen für den Standort werden in schriftlicher Form die Ziele jeder Betriebsprüfung oder jedes Betriebsprüfungszyklus einschließlich der Häufigkeit der Betriebsprüfung für jede Tätigkeit festgelegt.

Zu diesen Zielen gehören namentlich die Bewertung der bestehenden Managementsysteme und die Feststellung der Übereinstimmung mit der Unternehmenspolitik und dem Programm für den Standort, was auch eine Übereinstimmung mit den einschlägigen Umweltvorschriften einschließt.

B. **Prüfungsumfang**

Der Umfang der einzelnen Betriebsprüfungen sowie gegebenenfalls der eines jeden Abschnitts eines Prüfungszyklus muß eindeutig festgelegt sein und ausdrücklich folgendes aufweisen :

1. die erfaßten Bereiche,
2. die zu prüfenden Tätigkeiten,
3. die zu berücksichtigenden Umweltstandards,
4. den in der Betriebsprüfung erfaßten Zeitraum.

Die Umweltbetriebsprüfung umfaßt die Beurteilung der zur Bewertung des betrieblichen Umweltschutzes notwendigen Daten.

C. **Organisation und Ressourcen**

Umweltbetriebsprüfungen werden von Personen oder Personengruppen durchgeführt, die über die erforderlichen Kenntnisse der kontrollierten Sektoren und Bereiche, darunter Kenntnisse und Erfahrungen in bezug auf das einschlägige Umweltmanagement und die einschlägigen technischen, umweltspezifischen und rechtlichen Fragen, sowie über ausreichende Ausbildung und Erfahrung für die spezifische Prüftätigkeit verfügen, um die genannten Ziele zu erreichen. Die Zeit und die Mittel, die für die Prüfung angesetzt werden, müssen dem Umfang und den Zielen dieser Prüfung entsprechen.

Bei der Betriebsprüfung leistet die Unternehmensleitung Hilfestellung.

Die Prüfer müssen von den Tätigkeiten, die sie kontrollieren, ausreichend unabhängig sein, so daß sie eine objektive und neutrale Bewertung abgeben können.

D. **Planung und Vorbereitung der Betriebsprüfung für einen Standort**

Jede Betriebsprüfung wird insbesondere im Hinblick auf folgende Ziele geplant und vorbereitet :

— Es muß gewährleistet sein, daß geeignete Mittel bereitgestellt werden ;
— es muß gewährleistet sein, daß alle Beteiligten (einschließlich der Prüfer, der Unternehmensleitung des Standorts sowie des Personals) ihre Rolle und Aufgaben im Rahmen der Betriebsprüfung verstehen.

Dazu gehören das Vertrautmachen mit den Tätigkeiten am Standort und dem bestehenden Umweltmanagementsystem sowie die Überprüfung der Feststellungen und Schlußfolgerungen der vorangegangenen Betriebsprüfungen.

E. **Betriebsprüfungstätigkeiten**

1. Die Betriebsprüfungstätigkeiten an Ort und Stelle umfassen Diskussionen mit dem am Standort beschäftigten Personal, die Untersuchung der Betriebs- und Ausrüstungsbedingungen, die Prüfung der Archive, der schriftlichen Verfahren und anderer einschlägigen Dokumente im Hinblick auf die Bewertung der Umweltschutzqualität des Standorts ; dabei wird ermittelt, ob der Standort den geltenden Normen entspricht und ob das bestehende Managementsystem zur Bewältigung der umweltorientierten Aufgaben wirksam und geeignet ist.

(*) Für den spezifischen Zweck dieser Verordnung werden die Begriffe der genannten Norm wie folgt ausgelegt :
— „Qualitätssicherungssystem" bezeichnet das „Umweltmanagementsystem" ;
— „Qualitätssicherungsnorm" bezeichnet die „Umweltnorm" ;
— „Qualitätssicherungshandbuch" bezeichnet das „Umweltmanagementhandbuch" ;
— „Qualitätsaudit" bezeichnet die „Umweltbetriebsprüfung" ;
— „Kunde" bezeichnet „die Unternehmensleitung" ;
— „Auditee" bezeichnet den „Standort".

2. Zur Betriebsprüfung gehören insbesondere folgende Maßnahmen:

a) Kenntnisnahme von den Managementsystemen;

b) Beurteilung der Schwächen und Stärken der Managementsysteme;

c) Erfassung relevanter Nachweise;

d) Bewertung der bei der Betriebsprüfung gemachten Feststellungen;

e) Ausarbeitung der Schlußfolgerungen der Betriebsprüfung;

f) Bericht über die Feststellungen und Schlußfolgerungen der Betriebsprüfung.

**F. Bericht über die Feststellungen und Schlußfolgerungen der Betriebsprüfung**

1. Nach jeder Betriebsprüfung bzw. nach jedem Betriebsprüfungszyklus wird von den Prüfern ein schriftlicher Betriebsprüfungsbericht in geeigneter Form und mit geeignetem Inhalt erstellt, um eine vollständige und förmliche Vorlage der Feststellungen und Schlußfolgerungen der Betriebsprüfung sicherzustellen.

Die Feststellungen und Schlußfolgerungen der Betriebsprüfung müssen der Unternehmensleitung offiziell mitgeteilt werden.

2. Die grundlegenden Ziele eines schriftlichen Betriebsprüfungsberichts bestehen darin,

a) den von der Betriebsprüfung erfaßten Prüfungsumfang zu dokumentieren;

b) für die Unternehmensleitung Informationen über den bisher erreichten Grad an Übereinstimmung mit der Umweltpolitik des Unternehmens und die umweltbezogenen Fortschritte am Standort bereitzustellen;

c) für die Unternehmensleitung Informationen über die Wirksamkeit und Verläßlichkeit der Regelungen für die Überwachung der ökologischen Auswirkungen am Standort bereitzustellen;

d) die Notwendigkeit von gegebenenfalls erforderlichen Korrekturmaßnahmen zu belegen.

**G. Folgemaßnahmen der Betriebsprüfung**

Im Anschluß an die Betriebsprüfung ist die Ausarbeitung und Verwirklichung eines Plans für geeignete Korrekturmaßnahmen vorzusehen.

Es müssen geeignete Mechanismen vorhanden sein und funktionieren, um zu gewährleisten, daß im Anschluß an die Betriebsprüfungsergebnisse geeignete Folgemaßnahmen getroffen werden.

**H. Betriebsprüfungshäufigkeit**

Je nach Notwendigkeit wird in Abständen von nicht mehr als drei Jahren die Betriebsprüfung durchgeführt oder der Betriebsprüfungszyklus abgeschlossen. Die Häufigkeit wird für jede Tätigkeit am Standort von der Unternehmensleitung unter Berücksichtigung der gesamten potentiellen Auswirkungen der Tätigkeiten am Standort und des Umweltprogramms für den Standort festgelegt, wobei insbesondere folgendes zu berücksichtigen ist:

a) Art, Umfang und Komplexität der Tätigkeiten;

b) Art und Umfang der Emissionen, des Abfalls, des Rohstoff- und Energieverbrauchs sowie generell der Wechselwirkung mit der Umwelt;

c) Bedeutung und Dringlichkeit der festgestellten Probleme im Lichte der ersten Umweltprüfung oder der vorangegangenen Betriebsprüfung;

d) Vorgeschichte der Umweltprobleme.

---

*ANHANG III*

# ANFORDERUNGEN FÜR DIE ZULASSUNG DER UMWELTGUTACHTER UND IHRE AUFGABEN

## A. Bedingungen für die Zulassung von Umweltgutachtern

1. Zu den Kriterien für die Zulassung von Umweltgutachtern gehören:

Personal

Der Umweltgutachter muß für die Aufgaben innerhalb des Geltungsbereichs der Zulassung fachkundig sein und muß Aufzeichnungen führen und fortschreiben, aus denen sich ergibt, daß sein Personal über geeignete Qualifikationen, Ausbildung und Erfahrungen im Hinblick zumindest auf die nachstehenden Bereiche verfügt:

— Methodologien der Umweltbetriebsprüfung,
— Managementinformation und -verfahren,
— Umweltfragen,
— einschlägige Rechtsvorschriften und Normen einschließlich eines eigens für die Zwecke dieser Verordnung entwickelten Leitfadens sowie
— einschlägige technische Kenntnisse über die Tätigkeiten, auf die sich die Begutachtung erstreckt.

Unabhängigkeit und Objektivität

Der Umweltgutachter muß unabhängig und unparteiisch sein.

Der Umweltgutachter muß nachweisen, daß seine Organisation und sein Personal keinem kommerziellen, finanziellen oder sonstigen Druck unterliegen, der ihr Urteil beeinflussen oder das Vertrauen in ihre Unabhängigkeit und Integrität bei ihrer Tätigkeit in Frage stellen könnte. Ferner muß er nachweisen, daß sie allen in diesem Zusammenhang anwendbaren Vorschriften gerecht werden.

Diesen Anforderungen genügen Umweltgutachter, die EN 45012, Artikel 4 und 5 entsprechen.

Verfahren

Der Umweltgutachter verfügt über dokumentierte Prüfungsmethodologien und -verfahren, einschließlich der Qualitätskontrolle und der Vorkehrungen zur Wahrung der Vertraulichkeit zur Durchführung der Begutachtungsvorschriften dieser Verordnung.

Organisation

Im Fall von Organisationen verfügt der Umweltgutachter über ein Organigramm mit ausführlichen Angaben über die Strukturen und Verantwortungsbereiche innerhalb der Organisation sowie eine Erklärung über den Rechtsstatus, die Besitzverhältnisse und die Finanzierungsquellen, die auf Verlangen zur Verfügung gestellt werden.

2. *Zulassung von Einzelpersonen*

Einzelpersonen kann eine Zulassung erteilt werden, die auf Tätigkeiten beschränkt ist, für die der Betreffende im Hinblick auf deren Art und Umfang über die erforderliche Befähigung und Erfahrung verfügt, um die in Teil B bezeichneten Aufgaben auszuführen.

In bezug auf die Standorte, an denen solche Tätigkeiten durchgeführt werden, hat der Antragsteller insbesondere ausreichendes Fachwissen in technischen, ökologischen und rechtlichen Fragen entsprechend dem Geltungsbereich der Zulassung sowie in bezug auf Überprüfungsmethoden und -verfahren nachzuweisen. Der Antragsteller muß den unter Punkt 1 genannten Kriterien hinsichtlich Unabhängigkeit, Objektivität und Verfahren genügen.

3. *Antrag auf Zulassung*

Der den Antrag stellende Umweltgutachter hat ein offizielles Antragsformular auszufüllen und zu unterzeichnen, in dem er erklärt, daß ihm die Einzelheiten des Zulassungssystems bekannt sind; er erklärt sich bereit, die Anforderungen des Zulassungsverfahrens zu erfüllen und die erforderlichen Gebühren zu entrichten; er erklärt sich ferner bereit, den Zulassungsbedingungen nachzukommen, und gibt Auskunft über frühere Anträge oder Zulassungen.

Die Antragsteller erhalten Unterlagen mit einer Beschreibung des Zulassungsverfahrens und der Rechte und Pflichten der zugelassenen Umweltgutachter (einschließlich der Angaben über die zu entrichtenden Gebühren). Zusätzliche sachdienliche Auskünfte werden dem Antragsteller auf Verlangen erteilt.

4. *Zulassungsverfahren*

Das Zulassungsverfahgren umfaßt:

a) die Erfassung der zur Beurteilung des antragstellenden Umweltgutachters erforderlichen Informationen; hierzu gehören allgemeine Angaben wie Name, Anschrift, Rechtsstellung, Mitarbeiter, Stellung innerhalb eines Unternehmenskonzerns usw. sowie Informationen, anhand deren beurteilt werden kann, ob die unter Punkt 1 spezifizierten Kriterien erfüllt sind und ob eine Begrenzung des Umfangs der Zulassung geboten ist;

b) die Beurteilung des Antragsstellers durch die Mitarbeiter der Zulassungsstelle oder ihre ernannten Vertreter, die die vorgelegten Informationen und einschlägigen Arbeiten überprüfen und erforderlichenfalls weitere Nachforschungen anstellen, wozu die Befragung von Personal gehören kann, um festzustellen, ob der Antragsteller den Zulassungskriterien gerecht wird. Die Ergebnisse der Überprüfung werden dem Antragsteller mitgeteilt, der sich hierzu äußern kann;

c) die durch die Zulassungsstelle erfolgende Überprüfung des gesamten Bewertungsmaterials, das erforderlich ist, um über eine Zulassung zu entscheiden;

d) die Entscheidung über die Erteilung oder Ablehnung der Zulassung, die von der Zulassungsstelle aufgrund der Ergebnisse der Überprüfung gemäß Buchstabe b) getroffen und schriftlich niedergelegt wird. Die Zulassung kann zeitlich begrenzt und mit Auflagen verbunden sein oder eine Begrenzung des Umfangs der Zulassung beinhalten. Zulassungsstellen müssen über schriftlich dokumentierte Verfahren für die Beurteilung der Ausdehnung des Zulassungsumfangs für zugelassene Umweltgutachter verfügen.

5. *Aufsicht über zugelassene Umweltgutachter*

In regelmäßigen Abständen und mindestens alle 36 Monate ist sicherzustellen, daß der zugelassene Umweltgutachter weiterhin den Zulassungsanforderungen entspricht; dabei muß eine Kontrolle der Qualität der vorgenommenen Begutachtungen erfolgen.

Der zugelassene Umweltgutachter hat die Zulassungsstelle sofort über alle Veränderungen zu unterrichten, die auf die Zulassung oder den Umfang der Zulassung Einfluß haben können.

Entscheidungen über die Beendigung oder vorübergehende Aufhebung der Zulassung oder die Einschränkung des Umfangs der Zulassung werden von der Zulassungsstelle erst getroffen, nachdem dem zugelassenen Umweltgutachter die Möglichkeit eingeräumt worden ist, hierzu Stellung zu nehmen.

Wird ein in einem Mitgliedstaat zugelassener Umweltgutachter in dieser Eigenschaft in einem anderen Mitgliedstaat tätig, so notifiziert er der dortigen Zulassungsstelle seine Tätigkeit.

6. Ausweitung des Zulassungsumfangs

Die Zulassungsstelle muß über schriftlich dokumentierte Beurteilungsverfahren für Anträge auf Ausweitung des Zulassungsumfangs verfügen.

**B. Aufgaben der Umweltgutachter**

1. Die Prüfung von Umweltpolitiken, Umweltprogrammen, Umweltmanagementsystemen, Umweltprüfungsverfahren, Umweltbetriebsprüfungsverfahren und Umwelterklärungen sowie die Gültigkeitserklärung der letzteren werden von zugelassenen Umweltgutachtern vorgenommen.

   Aufgabe des Umweltgutachters ist es, unbeschadet der Aufsichts- und Regelungsbefugnisse der Mitgliedstaaten folgendes zu überprüfen:

   — die Einhaltung aller Vorschriften dieser Verordnung, insbesondere in bezug auf die Umweltpolitik und das Umweltprogramm, die Umweltprüfung, das Funktionieren des Umweltmanagementsystems, das Umweltbetriebsprüfungsverfahren und die Umwelterklärungen;

   — die Zuverlässigkeit der Daten und Informationen der Umwelterklärung und die ausreichende Berücksichtigung aller wichtigen für den Standort relevanten Umweltfragestellungen in dieser Erklärung.

Der Umweltgutachter untersucht insbesondere die technische Eignung der Umweltprüfung oder der Umweltbetriebsprüfung oder anderer von dem Unternehmen angewandter Verfahren mit der erforderlichen fachlichen Sorgfalt, wobei er auf jede unnötige Doppelarbeit verzichtet.

2. Der Umweltgutachter übt seine Tätigkeit auf der Grundlage einer schriftlichen Vereinbarung mit dem Unternehmen aus. Diese Vereinbarung legt den Gegenstand und den Umfang der Arbeit fest und gibt dem Umweltgutachter die Möglichkeit, professionell und unabhängig zu handeln. Es verpflichtet das Unternehmen zur Zusammenarbeit in dem jeweils erforderlichen Umfang.

   Die Begutachtung bedingt die Einsicht in die Unterlagen, einen Besuch auf dem Gelände, bei dem insbesondere Gespräche mit dem Personal zu führen sind, die Ausarbeitung eines Berichts für die Unternehmensleitung und die Klärung der in diesem Bericht aufgeworfenen Fragen.

   Zu den vor dem Besuch auf dem Gelände einzusehenden Unterlagen gehören die Grunddokumentation über den Standort und die dortigen Tätigkeiten, die Umweltpolitik und das Umweltprogramm, die Beschreibung des Umweltmanagementsystems an dem Standort, Einzelheiten der vorangegangenen Umweltprüfung oder der vorangegangenen Umweltbetriebsprüfung, der Bericht über diese Prüfung und über etwaige anschließende Korrekturmaßnahmen und der Entwurf einer Umwelterklärung.

3. Der Bericht des Umweltgutachters an die Unternehmensleitung umfaßt

   a) ganz allgemein die festgestellten Verstöße gegen diese Verordnung und insbesondere

   b) die bei der Umweltprüfung oder bei der Methode der Umweltbetriebsprüfung oder dem Umweltmanagementsystem oder allen sonstigen Verfahren aufgetretenen technischen Mängel;

   c) die Einwände gegen den Entwurf der Umwelterklärung sowie Einzelheiten der Änderungen oder Zusätze, die in die Umwelterklärung aufgenommen werden müßten.

4. Folgende Fälle können eintreten:

   a) Wenn

   — die Umweltpolitik im Einklang mit den einschlägigen Vorschriften dieser Verordnung festgelegt wird,

   — die Umweltprüfung bzw. die Umweltbetriebsprüfung in technischer Hinsicht zufriedenstellend ist,

   — in dem Umweltprogramm alle bedeutsamen Fragestellungen angesprochen werden,

   — das Umweltmanagementsystem die Anforderungen des Anhangs I erfüllt und

   — die Erklärung sich als genau, hinreichend detailliert und mit den Anforderungen des Systems vereinbar erweist,

   dann erklärt der Umweltgutachter die Erklärung für gültig.

   b) Wenn

   — die Umweltpolitik im Einklang mit den einschlägigen Vorschriften dieser Verordnung festgelegt wird,

   — die Umweltprüfung bzw. die Umweltbetriebsprüfung in technischer Hinsicht zufriedenstellend ist,

   — in dem Umweltprogramm alle wichtigen Fragestellungen angesprochen werden,

   — das Umweltmanagementsystem die Anforderungen des Anhangs I erfüllt,

   aber

   — die Erklärung geändert und/oder ergänzt werden muß oder wenn festgestellt worden ist, daß für eines der Vorjahre, in dem keine Gültigkeitserklärung erfolgte, die Erklärung unrichtig oder irreführend war oder regelwidrig keine Erklärung abgegeben wurde,

   erörtert der Umweltgutachter die erforderlichen Änderungen mit der Unternehmensleitung und erklärt die Umwelterklärung erst für gültig, nachdem das Unternehmen die entsprechenden Zusätze und/oder Änderungen in die Erklärung aufgenommen hat, nötigenfalls mit einem Hinweis auf erforderliche Änderungen an früheren, nicht für gültig erklärten Umwelterklärungen oder auf Zusatzinformationen, die in den Vorjahren hätten veröffentlicht werden sollen.

   c) Wenn

   — die Umweltpolitik nicht im Einklang mit den einschlägigen Vorschriften dieser Verordnung festgelegt worden ist,

   — die Umweltprüfung bzw. die Umweltbetriebsprüfung in technischer Hinsicht nicht zufriedenstellend ist oder

   — in dem Umweltprogramm nicht alle wichtigen Fragestellungen angesprochen werden oder

   — das Umweltmanagementsystem die Anforderungen des Anhangs I nicht erfüllt,

   richtet der Umweltgutachter entsprechende Empfehlungen für die erforderlichen Verbesserungen an die Unternehmensleitung und erklärt die Erklärung erst für gültig, nachdem die Mängel in bezug auf Politik und/oder Programm und/oder Verfahren berichtigt, die Verfahren soweit erforderlich erneut durchgeführt und die entsprechenden Änderungen an der Erklärung vorgenommen worden sind.

---

*ANHANG IV*

## TEILNAHMEERKLÄRUNGEN

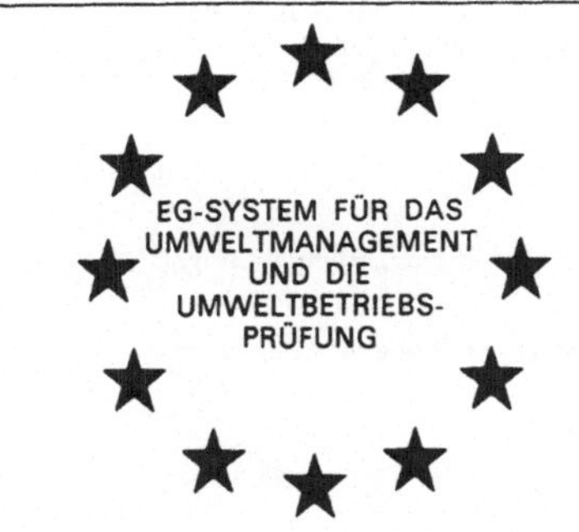


Dieser Standort verfügt über ein Umweltmanagementsystem. Die Öffentlichkeit wird im Einklang mit dem Gemeinschaftssystem für das Umweltmanagement und die Umweltbetriebsprüfung über den betrieblichen Umweltschutz dieses Standorts unterrichtet. (Register-Nr. ...)

Alle Standorte innerhalb der EG, an denen wir gewerblich tätig sind, verfügen über ein Umweltmanagementsystem. Die Öffentlichkeit wird im Einklang mit dem Gemeinschaftssystem für das Umweltmanagement und die Umweltbetriebsprüfung über den betrieblichen Umweltschutz dieser Standorte unterrichtet. (Hier kann eine Erklärung bezüglich der Praktiken in Drittländern angefügt werden.)

Alle Standorte in (Name(n) des (der) EG-Mitgliedstaats(staaten)), denen wir gewerblich tätig sind, verfügen über ein Umweltmanagementsystem. Die Öffentlichkeit wird im Einklang mit dem Gemeinschaftssystem für das Umweltmanagement und die Umweltbetriebsprüfung über den betrieblichen Umweltschutz dieser Standorte unterrichtet.

Die nachstehenden Standorte, an denen wir gewerblich tätig sind, verfügen über ein Umweltmanagementsystem. Die Öffentlichkeit wird gemäß dem Gemeinschaftssystem für das Umweltmanagement und die Umweltbetriebsprüfung über den betrieblichen Umweltschutz dieser Standorte unterrichtet:

— Name des Standorts, Registernummer

—

— ...

*ANHANG V*

## AUSKÜNFTE, DIE DEN ZUSTÄNDEN STELLEN BEI DER VORLAGE DES ANTRAGS AUF EINTRAGUNG IN DAS VERZEICHNIS ZU ERTEILEN SIND ODER BEI VORLAGE EINER ANSCHLIESSEND FÜR GÜLTIG ERKLÄRTEN UMWELTERKLÄRUNG

1. Name des Unternehmens.
2. Name und Anschrift des Standorts.
3. Kurze Beschreibung der an dem Standor ausgeübten Tätigkeiten (gegebenenfalls Bezugnahme auf beigefügte Unterlagen).
4. Name und Anschrift des zugelassenen Umweltgutachters, der die beigefügte Erklärung für gültig erklärt hat.
5. Frist für die Vorlage der nächsten für gültig erklärten Umwelterklärung.

Dem Anfang ist ferner beizufügen :

a) eine kurze Beschreibung des Umweltmanagementsystems,

b) eine Beschreibung des für den Standort festgelegten Betriebsprüfungsprogramms,

c) die für gültig erklärte Umwelterklärung.

## Die Autoren

**Markus Frank**, Dr. jur., M.C.L., Rechtsanwalt mit den Spezialgebieten Umwelt- und Wirtschaftsrecht in Wien

**Wolfgang Luckemeier**, Unternehmensberater für Umweltmanagement

**Jean-Pierre Porchet**, Dr. sc. techn. ETH Zürich, Dipl.-Chemiker, Beratung in Umwelttechnik und Umweltmanagement seit 1974

**Peter Ries**, Dipl.-Wirtsch.-Ing. (TH Darmstadt) und Umweltschutztechniker (TU München), Unternehmensberater mit den Schwerpunkten Energie- und Produktbewertung

**Roland Schön**, Dipl.-Wirtsch.-Ing., mehrere Jahre Berufstätigkeit in der Metallindustrie/Maschinenbau, Umweltmanagementberatung für die Industrie

**Georg Zenk**, Dr. rer. physiol., Humanbiologe und Unternehmensberater